Günter Görlich

Der unbekannte Großvater

Günter Görlich

Der unbekannte Großvater

Der Kinderbuchverlag Berlin

Einband von Fred Westphal

ISBN 3-358-00518-6

1.

„Hallo, du bist doch Markus? Markus Stojahn?“

Der Junge blickte auf, sah einen älteren Mann, lang und hager, und er trug eine abgewetzte schwarze Lederjacke. Dichtes, ziemlich langes weißes Haar umrahmte ein braungebranntes Gesicht.

Der Mann schaute mit hellen Augen Markus an, lächelte und beugte sich zu dem Jungen, als wolle er genau hören, was der antworten würde.

Und der Junge sagte: „Ja, ich bin Markus.“

Der Mann richtete sich auf, lächelte noch immer und sagte: „Und ich bin dein Großvater, ja, dein Großvater Paul.“

Markus trat einen Schritt zurück. Der Mann sah nicht so aus, als müsse man vor ihm Angst haben.

Zudem war lichter Tag, später Mittag, und alles spielte sich vor der Schule ab – Markus war, in Gedanken versunken, aus dem Schulgebäude gekommen. In der letzten Stunde hatte Mathe-Stössel eine Arbeit schreiben lassen, ziemlich gemein die Sache, weil nicht angekündigt. Markus weiß nicht, ob er die letzten beiden Aufgaben richtig gelöst hat. Wäre schlimm, hätte er sie verhauen, wenn auch die Arbeit bestimmt nicht mehr für das Jahreszeugnis von Bedeutung ist. In drei Wochen beginnen die großen Ferien; aber bei Mathe-Stössel weiß man nie genau, woran man ist, er liebt Überraschungen.

Markus trat einen kleinen Schritt zurück, um den Mann besser im Auge zu haben, er wollte den Kopf nicht zu sehr zurückbeugen.

„Mein Großvater heißt Willi“, sagte Markus. „Er wohnt in Prenzlau.“

„Willi heißt er, so“, sagte der Mann, „aber ein Mensch hat gewöhnlich zwei Großväter. Und ich bin eben der andere.“

Markus schaute zweifelnd: „Ich weiß aber nichts von Ihnen.“

„Dann weißt du's jetzt“, sagte der Mann. „Du kannst du zu mir sagen, ich bin ja dein Großvater.“

Markus betrachtete den Mann genauer.

Der soll mein Großvater sein? Ist man sich da nicht ein bißchen ähnlich? Steht ganz locker da, der Mann, hat die Hände in die Taschen der Lederjacke geschoben. Braune Kordhosen trägt er, sie sind recht eng und an den Knien ausgebeult.

Da Opa Willi aus Prenzlau Mutters Vater ist, müßte der, falls seine Behauptung stimmt, Vaters Vater sein. Aber Ähnlichkeit mit Papa hat der nicht. Oder doch? Die hellen Augen, die hat Papa auch. Sie wirken bei ihm nicht so hell, doch Papas Gesicht ist auch nicht so braungebrannt. Der Mann, der sein Opa Paul sein will, lächelt gutmütig.

„Von mir hat man dir also nichts gesagt, hat mich einfach verschwiegen", sagte er.

„Wer hat nichts von Ihnen gesagt?" fragte der Junge.

„Na, dein Vater und deine Mutter. Und dann natürlich deine Oma."

„Meine Oma?"

„Ja, deine Großmutter Renate. So heißt sie doch, stimmt's. Aber du sagst ja immer noch Sie zu mir."

„Woher kennen Sie denn meine Oma?" fragte Markus.

„Na, woher schon, Junge. Ich war mit ihr verheiratet. Ist zwar eine Weile her, aber es war so. Du glaubst mir nicht? Ist ja auch nicht ganz richtig, daß ich dir hier aufgelauert habe. Ich hab's einfach nicht mehr ausgehalten. Mußte dich mal sehen. War lange nicht im Lande, hatte nie Zeit und dazu noch ein Versprechen gegeben. Aber, nun habe ich Zeit und konnte nicht widerstehen. Hab dich sofort erkannt. Als du mit den vielen anderen herausgekommen bist, habe ich sofort gewußt: Das ist er. Siehst so aus wie dein Vater, als er so alt war wie du. Ein klein wenig kommst du auch nach mir."

„Warum kommen Sie nicht zu uns nach Hause?"

„Und wenn die nicht wollen, daß ich komme, mich nicht reinlassen?"

„Sie schwindeln vielleicht ganz schön", sagte Markus.

Der Mann zuckte mit den Schultern. „Ich seh schon, du bist mißtrauisch, du brauchst Beweise. Ich habe aber welche, und du wirst sehen, ich schwindle nicht."

Aus seiner Lederjacke zog dieser Großvater eine Brieftasche.

Noch immer standen sie auf dem Vorplatz der Schule. Es war ruhiger geworden, die meisten Schüler hatten das Gebäude verlassen. Aus einem Fenster schallte plärriger Gesang, und Markus wußte, das ist die Parallelklasse, die hat Musik bei Frau Lehmann, und man plärrte absichtlich so. Bei Frau Lehmann kann man nur so langgezogen singen, weil sie so schleppend dirigiert.

Der Mann sagte: „Setzen wir uns drüben auf die Bank. Und ich beweise dir, daß ich dein Großvater Paul bin."

„Ich muß aber nach Hause", sagte Markus.

„Ein paar Minuten wirst du wohl Zeit haben für einen nahen Verwandten", antwortete der Mann.

Mit weit ausholenden Schritten ging er auf die Bank zu, die neben einer Linde stand. Vor ein paar Jahren, als die Schule eingeweiht wurde, hatte man sie als zarten Setzling in die Erde gebracht. Viele Linden hatte man gepflanzt, doch nicht alle hatten den strengen Winter jenes Jahres überstanden.

Markus folgte dem Mann, der sein Großvater sein wollte, und auf einmal war ihm, als träume er. Manchmal hat man verrückte Träume, da ist alles möglich, man kann fliegen und spricht perfekt russisch.

Doch das hier war kein Traum.

Er saß neben dem Mann, und der herbe Geruch der Lederjacke drang bis zu ihm. Sein Banknachbar kam ihm nicht mehr so lang vor, vielleicht weil der Mann zusammengekrümmt auf der Bank hockte.

Er entnahm der Brieftasche ein Schwarzweißfoto, das im Laufe der Zeit bestimmt oft angeguckt worden war, abgegriffen waren die Ecken und das Papier von feinen Rissen durchzogen.

„Schau hin", sagte der Mann.

Markus erkannte drei Menschen auf dem Foto. Sie standen vor

einem Autobus, einer Busart, die er nur vom Hörensagen oder aus alten Zeitschriften kannte, doppelstöckig.

Der Mann wies auf einen Jungen, der in der Mitte stand. Und Markus erkannte seinen Vater Georg, vielleicht so alt wie er heute. Man hätte auch annehmen können, er, Markus, war dort auf dem Foto zu sehen, so groß war die Ähnlichkeit.

„Und hier, wer ist das?“ fragte der Mann.

Es gab keinen Zweifel, das war Oma Renate, nur viel jünger und überhaupt.

„Das ist Oma“, sagte Markus. „Ich kenne auch andere Bilder, auf denen sie so aussieht.“

„Na, siehst du“, sagte der Mann zufrieden. „Das hier ist der Beweis. Schau genau hin.“

Markus brauchte gar nicht so genau hinzuschauen, die dritte Person, die er auf dem Foto sah, war unverkennbar die jüngere Ausgabe des Mannes neben ihm: Die Haltung lässig, eine Hand in die Jackentasche geschoben, die andere umfaßte die Schulter des Sohnes Georg.

„Ja, das sind Sie“, sagte Markus, „ist wohl schon sehr lange her?“

„Schon ziemlich lange“, bestätigte der Mann. „Da waren wir in Wandlitz. Ein Ausflug mit dem Bus. Haben wir immer gemacht, wenn ich zu Hause war. Meistens dorthin.“

„In Wandlitz haben wir unseren Garten“, sagte der Junge.

„Ach, sieh an, ihr habt in Wandlitz einen Garten?“

„Oma hat dort auch einen.“

Der Mann lächelte.

„Sind also alle in meiner Ausflugsgegend gelandet. Ist was hängengeblieben von meiner Schwärmerei für den Berliner Norden.“

Markus schwieg, sah auf das Foto, das in der kräftigen Hand des Mannes lag.

„Erkennst du jetzt an, daß ich dein Großvater bin?“ fragte der Mann.

„Ja. Sie sind Paul Stojahn."

„Dein Großvater", drängte der Mann.

„Ja, mein Großvater sind Sie also."

„Bist du, mußt du jetzt sagen, bist du."

„Für mich sind Sie ein fremder Mann, ich kenne Sie doch nicht", sagte der Junge.

Paul Stojahn seufzte, legte das Foto wieder in seine Brieftasche.

„Ist schon wahr", sagte er. „Ich bin für dich ein Fremder, aber warum? Muß das sein? Weil man mir so ein Abkommen aufgeschwätzt hat. Verstehst du, so was Unnatürliches. Und ich bin darauf eingegangen. Ich hab eingewilligt und gedacht, die Zeit bringt das in Ordnung."

Er spreizte die Knie, ließ die Hände baumeln, senkte den Kopf und betrachtete seine Schuhspitzen.

„Ach, warum erzähle ich dir das alles, mache dir den Kopf heiß. Ich schreibe ein paar Zeilen, und die gibst du deinem Vater, meinem Sohn Georg. Sie können darüber nachdenken, und ich meine, es wird schon alles ins Lot kommen."

Er kramte einen Notizblock aus seiner Tasche, kritzelte ein paar Zeilen auf das Papier, drückte es Markus in die Hand.

„Wirst du das abgeben?"

„Ich gebe es meinem Papa."

„Richtig. Und deine Mama kann's auch lesen."

„Das wird sie", sagte Markus.

„Ich kenne deine Mama gar nicht", sagte Paul Stojahn.

„Du kennst Mama nicht?" fragte der Junge ungläubig.

„Nein."

„Wo bist du denn die ganze Zeit gewesen?" fragte der Junge.

„Immer weit weg. In Sibirien zum Beispiel."

„Sibirien? Das ist wirklich weit."

„Oder in Afrika."

„Ist ja noch weiter", sagte Markus.

„Wie man's nimmt. Ist eine ziemliche Ecke bis nach Sibirien.

Mußt mal auf die Landkarte gucken."

„Aber nach Afrika muß man übers Meer", sagte Markus.

„Das ist wahr", gab Paul Stojahn zu.

Der Junge öffnete seine Schultasche und legte den Zettel sorgsam in ein Buch.

„Mama und Papa werden bestimmt staunen", sagte Markus.

„Hast du's weit nach Hause?" fragte Großvater Paul.

„Nein. Zehn Minuten, mehr nicht."

„Soll ich dich fahren?"

„Haben Sie ein Auto?"

„Ja. Hat dein Papa ein Auto?"

„Einen Trabant haben wir", sagte Markus.

„Wie geht's deinem Papa so?" fragte der Mann. „Aber du sagst ja wieder Sie zu mir. Warst vorhin besser."

„Papa geht's gut. Ich glaub schon", sagte der Junge verwundert.

„Und Oma Renate?"

„Auch gut, was denn sonst", sagte Markus, überlegte aber im gleichen Augenblick, ob es Oma Renate wirklich gut gehe. Manchmal hat sie's im Kreuz, dann geht sie schwimmen oder zur Gymnastik, und hin und wieder wird sie in ihrer Klinik „aufgehängt", wie sie sagt.

„Na, du überlegst ja so", sagte Paul Stojahn. „Stimmt was nicht?"

„Stimmt alles", erwiderte Markus.

„Ist Oma Renate noch Krankenschwester?"

„Oberschwester ist sie", sagte Markus.

„Schau an, tüchtig. War sie ja schon immer", meinte Paul Stojahn, erhob sich von der Bank, ging zur Straße und blieb vor einem Auto stehen. Der Junge folgte ihm.

Das war vielleicht ein Auto. Es sah grau, blau und grün aus, aber auch gelb und braun waren zu erkennen.

„Dein Auto?" fragte Markus.

„Ja", sagte Paul Stojahn und schloß auf, die Tür klemmte, und er mußte tüchtig rütteln, um sie zu öffnen.

Paul Stojahn bemerkte den skeptischen Blick seines Enkels. „Schön bunt, mein Auto, was?"

„Fährt das überhaupt?"

„Das Äußere ist nicht wichtig. Was unter der Haube steckt, zählt. Außerdem mußt du dir stets die Reifen anschauen, daran erkennst du den Besitzer. Und das hier fährt."

„Aber ziemlich alt, was?" sagte Markus.

„Ein paar Jährchen hat's schon auf dem Buckel. Ich brauch's ja nur, wenn ich im Lande bin. In Zukunft werd ich's mehr beanspruchen. Euer Auto sieht anders aus, wie?"

„Ja, immer sauber und überhaupt."

„Gefällt dir besser?"

„Hab noch nicht darüber nachgedacht. Ist bloß eine Feststellung", sagte Markus.

„Ich sage immer, ein Auto muß im Innern stimmen. Und da ich ein wenig Ahnung habe, ist unterm Blech alles in Schuß. Setz dich rein. Drehen wir eine Runde."

Markus zögerte. „Ich hab's nicht weit, lohnt nicht zu fahren."

„Es muß ja nicht bis vor die Haustür sein."

Der Junge schüttelte den Kopf.

„Na schön, wir werden uns ja öfter sehen, hoffe ich jedenfalls. Und wenn ich morgen um die gleiche Zeit wieder hier bin, wirst du dann auch dasein?"

„Morgen haben wir eine Stunde früher Schluß", sagte Markus.

„Bin ich eine Stunde früher hier", sagte Paul Stojahn.

„Hast du denn Urlaub?" wunderte sich der Junge.

„Urlaub? Ja, hab noch den vom letzten Jahr. Bin einfach nicht dazu gekommen, Urlaub zu machen."

„Jeder hat doch einmal im Jahr Urlaub", ereiferte sich Markus. „Ich brauche meine Ferien immer."

„Hast recht. Bloß manchmal geht's nicht so, wie man möchte. Da probieren wir zum Beispiel unsere Bagger im Norden Sibiriens aus. Alles ist zwar durchgerechnet, theoretisch, weißt du, aber die Bodenverhältnisse sind doch anders, das Gelände voller Tücken und dazu die Wetterkapriolen. Dann hat man Zeitverlust und muß das Verlorene aufholen. Mit den Jahren habe ich mich daran gewöhnt."

„Bagger fährst du?" fragte der Junge.

„Montiere, probiere aus, teste sie unter allen Bedingungen, fahre sie auch eine Weile, lerne Leute an. Unsere Bagger haben es in sich", sagte Paul Stojahn.

Markus betrachtete das Armaturenbrett. „Du hast ja den Zündschlüssel steckenlassen", rief er erschrocken.

„Na und?" fragte der Großvater.

„Kann doch einer einsteigen und einfach davonfahren. Das Auto ist dann über alle Berge."

„Wer soll schon einsteigen? Gibt's denn so viele Spitzbuben? Und am hellichten Tage, Markus?"

„Aber so was verleitet zum Diebstahl, sagt mein Papa. Ordnung muß sein."

„Ach, das sagt dein Papa. Er schließt immer ab, wie?"

„Klar, er geht immer um das Auto herum, rüttelt an den Türen, am Kofferraum. Mama ist manchmal so schußlig und vergißt abzuschließen", erklärte Markus.

„Und Mama sieht dann ein, daß man nicht so schußlig sein darf."

„Ach, die sieht gar nichts ein, das ist es ja. Das bringt Papa ganz schön auf die Palme."

Paul Stojahn lachte schallend. „So also ist deine Mama. Macht sich einfach nichts draus. Ich hab vielleicht eine Schwiegertochter!"

Markus entdeckte ein seltsames Anhängsel am Zündschlüssel. Gewöhnlich befestigt man einen Zündschlüssel an einem Lederfleck oder steckt ihn in eine Ledertasche oder an eine Metallkette mit einem Wappen oder irgendeinem Zeichen, doch an diesem Zündschlüssel hing ein großer Gegenstand – gebogen und sah fast aus wie ein Minidolch.

„Was hängt denn an deinem Zündschlüssel?“ fragte Markus.

Paul Stojahn zog den Schlüssel ab und reichte ihn dem Jungen.

„Ist ja ein Zahn“, stellte Markus fest, „von einem großen Tier, wie?“

„Der Fangzahn eines afrikanischen Löwen“, sagte der Großvater.

Fast hätte Markus den Zündschlüssel fallen lassen. „Vom Löwen? Von einem richtigen?“

„Ein Stofflöwe war’s nicht.“

„Hast du den geschossen?“

„Das nicht. Hat mir ein Kumpel geschenkt, in Algerien, am Rande der Wüste. Den hab ich auf unserem Bagger ausgebildet. War ein kluger Bursche, hat unheimlich schnell die schwere Technik begriffen. Und zum Abschied schenkte er mir den Zahn. Soll mich beschützen vor Unglück und Gefahr.“

Markus betrachtete den Zahn von allen Seiten und drückte ihn vorsichtig mit der Spitze auf den Handrücken.

„Ja, wenn der Löwe damit zubiß, war Feierabend“, sagte Paul Stojahn.

„Hast du einen Löwen gesehen, in der Wüste oder in der Steppe?“ fragte Markus.

„Nein, hab ich nicht. Ich interessiere mich nicht für die Jagd. Ich kann keine Tiere totschießen. Einmal hab ich einen Löwen brüllen hören. Ich lag im Zelt, und draußen war stockdunkle Nacht.“

„Im Tierpark hat auch mal einer gebrüllt, bloß ganz kurz.“

„Im Tierpark ist der breite Wassergraben zwischen dir und dem Löwen. Aber in der afrikanischen Nacht kannst du das Fürchten bekommen.“

Markus hielt noch immer den Zündschlüssel in der Hand, betrachtete den gelben Fangzahn.

„Jetzt muß ich nach Hause“, sagte er.

Er gab Großvater Paul den Schlüssel zurück, der steckte ihn in das Zündschloß. Der Zahn pendelte hin und her.

„Vergiß nicht, meine Nachricht abzugeben", mahnte Paul Stojahn.

„Vergesse ich wirklich nicht", versprach der Junge.

Großvater Paul reichte ihm die Hand, sie war schwielig und fest.

Papa hat auch eine feste Hand, dachte Markus.

„Bis morgen, Markus", sagte der Großvater.

Der Junge stand vor dem Auto, wäre nun doch gern ein Stückchen mitgefahren, hätte noch gern andere Geschichten von dem Mann gehört, der sein Großvater Paul war.

Der Großvater startete, der Motor brummte tief und kräftig auf und lief dann sehr ruhig.

„Mach's gut", rief der Mann. Markus hob leicht die Hand.

Die Wagentür schlug zu, und der Junge fuhr zusammen.

So darf man keine Autotür schließen, das war ihm oft und nachdrücklich erklärt worden. Leicht und leise muß sie ins Schloß fallen, damit das Auto geschont wird.

Doch die Tür von diesem Lada mußte man kräftig aufreißen, also mußte sie auch mit einem kräftigen Schwung geschlossen werden. Das ist klar wie Kloßbrühe, würde Mama sagen.

Der Wagen fuhr scharf an, befand sich im Nu an der nächsten Kreuzung, bog rechts in die Straße ein.

Mein Gott, der Mann muß Geld und Beziehungen haben – die Reifen! hätte Vater ausgerufen, stünde er hier an Markus' Stelle.

Und Oma Renate würde düster bemerken: Diese verrückten Raser. Ja, ja, der Rausch der Geschwindigkeit. Nachher liegen sie bei uns. Arme und Beine in Gips, Gesicht zerschrammt. Wenn sie überhaupt noch bei uns liegen . . .

Mama sähe das ein wenig anders: Manche fahren wie lahme Enten. Sie behindern den Verkehrsfluß. Ein bißchen sportlich muß schon gefahren werden. Sonst kann ich ja laufen und brauche kein Auto. –

Markus bewunderte das rasante Anfahren des bunten Lada. Der kommt an den Ampelkreuzungen gut weg, der ist kein Hindernis für die hinter ihm wartenden Fahrzeuge. Noch eine Weile blickte Markus zu der Kreuzung, an der der Großvater rechts abgebogen war.

Er warf die Schultasche über die Schulter, sie hing an dem Riemen ein bißchen schief, das sah lässiger aus, schließlich wird er in wenigen Wochen schon in der sechsten Klasse sein.

Markus überquerte die Hauptstraße und stand bald vor dem Reihenhaus, in dem die Stojahns wohnten, solange der Junge denken konnte.

Markus hatte seinen Flaschenwegbringe-und-Einkaufstag.

Im Flur auf der Kommode lag der Einkaufszettel, dort war er stets zu finden, und so konnte es keine Ausrede von wegen verlegt geben. So war es auch heute. Der Junge warf einen flüchtigen Blick auf den Zettel, Mutters Schrift war gut zu entziffern. Viele Wünsche hatte sie aufgeschrieben. Er würde in den Regalen in der Kaufhalle suchen und aufpassen müssen. Das war nicht gerade die liebste Beschäftigung für Markus.

Markus überprüfte die Kammer, zwei Körbe mit leeren Flaschen standen bereit, in dem einen die Brause- und Seltersflaschen, in dem anderen die Milch- und Bierflaschen. Das blieb Vaters ständige Aufgabe, und er erledigte sie korrekt.

In seinem Zimmer warf der Junge die Schultasche mit Schwung auf die Couch. Sie federte hoch und riß einen Blumentopf vom Fensterbrett.

Der Junge erschrak. So gut es ging, beseitigte er die Spuren und hoffte, die feuchten Flecke würden bis zum Abend verschwinden.

Die Schultasche war heute zu leicht, das hatte er nicht überlegt. Er hatte überhaupt nicht überlegt, das war es, seine Gedanken waren ganz woanders.

Markus' Zimmer war nicht sehr groß. Es war mit einer Couch und einem Schreibschrank aus hellem Holz ausgestattet, den Opa Willi aus Prenzlau getischlert hatte, mit einem Kleiderschrank und einem festen Stuhl, auch ein Werk des Großvaters. Trotzdem blieb genügend Platz auf dem Fußboden zum Spielen und Basteln, sogar für Liegestütze und Kopfstand.

Die Sache mit dem Blumentopf hatte Markus vorsichtiger gemacht, und behutsam zog er die Gardine zur Seite. Er blickte auf den Platz hinter dem Haus, auf die Wiese zum Fußballspielen.

Wie erwartet, war alles ruhig, seine Kumpel hatten noch ihre Beschäftigungen. Vor einer Bank, auf der ein Mann saß, zeichnete ein kleiner Junge Figuren in den Sand. Der Mann erinnerte Markus an die Begegnung vor der Schule, an jemand, der Paul Stojahn heißt und sein Großvater ist.

Der Junge holte den zusammengefalteten Zettel aus der Schultasche und wendetete ihn hin und her. Die Nachricht war ja in keinem verschlossenen Umschlag und bestimmt kein Geheimnis.

Aber es blieb eins für Markus, denn er konnte das Geschriebene nicht entziffern. Die Schrift war groß und schwungvoll, und doch konnte der Junge nur ein paar Buchstaben erkennen und die Unterschrift Paul. Er legte den Zettel in das oberste Fach seines Schreibschrankes, dort bewahrte er sein Schreibzeug auf. So konnte er die Nachricht nicht vergessen.

Aber Markus hätte den Zettel sowieso nicht vergessen, er dachte immerfort an die Begegnung mit dem Großvater Paul, erinnerte sich vieler Einzelheiten genau.

An Paul Stojahns schwarze Lederjacke zum Beispiel, die von Wind und Wetter und vom vielen Tragen schon arg mitgenommen ist und an der unterschiedliche Knöpfe angenäht sind, zwei glatte und ein angerauhter, gewölbter.

Pauls Manchesterhose wird von einem breiten, braunen Ledergürtel zusammengehalten, der mit einem Schloß versehen ist, auf dem ein Büffelkopf prangt.

Halbschuhe trägt dieser Paul auch nicht, sondern hohe, feste blankgewienerte Treter mit dicken Sohlen.

Und über den Rücken der rechten Hand des Mannes zieht sich eine lange Narbe.

Der gelbe Zahn des Löwen aus der fernen afrikanischen Steppe ging Markus ebenfalls nicht aus dem Sinn.

Er holte sich den Globus vom Schrank, stellte ihn auf den Fußboden und legte sich bäuchlings davor.

Die Erdkugel glitt an seinen Augen vorüber. Und Markus sah das Mittelmeer, dann kam die grüne Küste Algeriens, dann braune Berge und dahinter die gelbe weite Wüste.

Markus suchte Europa, und sein Finger glitt über die grüne Tieflandfläche bis zur bräunlichen Uralkette und weiter nach Norden. Wenige Städte waren über eine weite Fläche verstreut.

Der Globus ist nicht groß und verkörpert doch die Erde, auf der er, Markus, lebt, und Mama, und Vater und Großmutter Renate, und, nun weiß er, auch Großvater Paul.

Markus drehte den Globus und vergaß die Zeit.

Doch dann besann er sich, sprang auf und kam seinen Pflichten nach für diesen Tag.

Der Abend verlief wie die meisten im Sommer. Da es lange hell blieb, aß man bei Stojahns nicht zu früh Abendbrot.

Das hatte Frau Sabine durchgesetzt. Sie konnte sich mehr Zeit lassen, mußte nach der Arbeit nicht so hetzen.

Vater hatte es nicht weit von seinem Betrieb bis zur Wohnung. Doch Mutter arbeitete in der Innenstadt, und die Geschäfte dort lockten sie und auch die kleinen Cafés am Alexanderplatz.

Für Markus war der Sommerbrauch angenehm, er hatte mehr Zeit, konnte auf dem Fahrrad die vertraute Gegend durchstreifen, am meisten Spaß machte es ihm, durch die weitläufigen Gartenanlagen zu fahren.

Heute aber erwartete er mit Ungeduld das Abendessen.

Die Mutter war erstaunt, als sie ihren Sohn an diesem schönen Sommertag so früh in der Wohnung vorfand. Sie fragte auch gleich: „Was passiert, Markus?"

„Was soll passiert sein?"

„Das frag ich dich ja. Du bist schon oben."
„Ich hab Hunger."
„Warum hast du dir keine Schrippe gemacht?"
„Die sind hart."
„Hättest sie aufbacken können."
„Zu faul, Mama", sagte Markus.

Mutter lachte und fuhr ihrem Sohn durch das dichte braune Haar – das hatte er vom Vater.

Mutters Haar war blond und lang, und sie verwandte viel Zeit darauf, damit es schön und glänzend blieb.

Markus griff gern mit beiden Händen in das Haar der Mutter, zog es nach vorn, bis es ihr Gesicht wie ein zarter Schleier bedeckte.

Heute half Markus der Mutter beim Tischdecken. Sie hatte frisches Obst mitgebracht und Tomaten und grüne Gurken. Er nahm eine ganze feste rote Tomate in den Mund, das machte er gern, damit der Saft nicht umherspritzte.

„Markus, Markus", tadelte Mutter, „Oma würde den Kopf schütteln. Solche Manieren."

Markus lachte nur mit den Augen, den Mund konnte er nicht verziehen. Und Mutter Sabine schüttelte über solche Späße nicht den Kopf.

Markus brannte das Geheimnis auf der Seele, der Zettel aus dem Notizblock, die Nachricht von einem Paul Stojahn an die Familie. Und wenn er Mama den Zettel zeigte?

Aber das wäre nicht in Ordnung. Für Papa ist die Nachricht bestimmt, den Sohn des Paul Stojahn.

Vater kam ungewöhnlich spät.

„Hab nach neuen Bezügen für die Autositze gesucht", sagte er, „bin durch die halbe Stadt gefahren."

„Und hast du was Passendes gefunden?" fragte seine Frau.

„Ja. Sieht aus wie Samt."

„Samt? Dann müssen wir uns noch mehr vorsehen", seufzte Mutter.

„Wir sehen uns immer vor“, sagte der Mann. „Es ist ja kein Samt, sieht bloß so aus.“

„Hast du die Bezüge aufgezogen, Georg?“

„Das mache ich erst kurz vor dem Urlaub“, sagte Vater.

Nun fehlt nur noch Großmutter Renate, dachte Markus, dann sind wir alle zusammen, die ganze Familie Stojahn.

„Kommt Oma heute?“ fragte der Junge.

„Ja, um acht wollte sie hiersein“, erwiderte die Mutter.

Kurz vor acht betrat Großmutter Renate die Wohnung.

Markus saß schon am Tisch, konnte den Flur überblicken. Er beobachtete heute seine Großmutter sehr genau.

Wie immer trat sie vor den Spiegel und ordnete mit wenigen Griffen das kurzgeschnittene Haar.

„Mama, du hast ein schickes Kleid“, sagte Sabine, „neu?“

„Gestern gekauft. Gefällt dir’s?“

„Wie schlank du bist.“

„Na, na, das kannst du von dir sagen“, meinte Großmutter Renate. Sie küßte Schwiegertochter und Sohn.

Sie beugte sich zu Markus. Er roch das herbe Parfüm, das seine Großmutter benutzte, solange er denken konnte, und das er mochte. Markus fühlte ihre Lippen auf der Stirn. Sie bewegte sich leichtfüßig und sah frisch und gepflegt aus, als wäre sie gerade aus dem Bad gekommen, dabei hatte sie einen langen Arbeitstag hinter sich.

Sie setzte sich Markus gegenüber, das war ihr Platz. „Du hast wieder aufgetischt, Sabine“, tadelte sie, „ist doch kein besonderer Tag.“

„Das machen nur die Gurken und Tomaten.“

„Wie war dein Tag?“ wandte sich Oma Renate an den Jungen.

„Ganz gut. Sind ja bald Ferien“, antwortete Markus.

„Freust dich schon, wie? Und das Zeugnis?“

Markus hob die Schultern.

„Na, untertreib mal nicht. Wird schon in Ordnung sein“, meinte die Großmutter.

Vater setzte sich auch.
„Warum siehst du mich so seltsam an?“ fragte die Großmutter plötzlich den Jungen.
„Wieso?“ erwiderte Markus.
„Er ist müde“, sagte Mutter. „Du warst bestimmt schwimmen?“
„Morgen gehen wir“, sagte der Junge.
„Du wolltest doch heute gehen. Hast dir die Badehose mitgenommen.“
Mutter hatte recht, Markus hatte sich mit Sven zum Schwimmen verabredet.
Er hatte es vergessen. Schuld war dieser Paul Stojahn.
Sie saßen am Tisch, aßen, und immer wieder gingen die Blicke des Jungen zur Großmutter.
Sie saß sehr aufrecht, aß langsam.
„Du bist heute sehr still“, sagte Mutter besorgt. „Du wirst doch nicht krank werden?“
„Beim Essen muß man ja nicht dauernd reden“, bemerkte Vater.
„Du redest nicht viel, das ist bekannt, aber der Junge kommt nach mir“, widersprach ihm seine Frau.
„Heute bin ich eben still“, sagte Markus und stand auf.
„Was ist denn los?“ sagte Vater. „Wir sind noch nicht fertig mit dem Essen.“
„Ich bin gleich wieder hier“, sagte Markus, lief aus dem Zimmer, ahnte, daß sich die drei am Tisch erstaunt ansahen, hörte Großmutter Renate sagen: „Ich muß ihn mir genauer ansehen. Vielleicht brütet er was aus.“
Der Junge holte das Blatt aus dem Notizblock, das ihm Paul Stojahn gegeben hatte mit der dringlichen Bitte, die Nachricht auch wirklich der Familie zu übergeben.
Als Markus wieder das Wohnzimmer betrat, schauten ihn alle verwundert an. Der Junge zögerte, war unschlüssig, wem er den Zettel geben sollte, dem Vater oder Oma Renate.

Er reichte ihn dem Vater und sagte: „Hier, das ist für euch. Eine Nachricht von Opa Paul."

Vater nahm den Zettel und fragte: „Von wem?"

„Von Opa Paul", wiederholte Markus.

„Wer ist Opa Paul?" sagte Großmutter mit hoher Stimme.

Der Junge sah sie erstaunt an. „Opa Paul kennst du doch, Oma. Er war dein Mann."

Markus bemerkte, wie seine Mutter ebenfalls Oma Renate ansah und leicht den Kopf schüttelte und Großmutter langsam errötete.

Vater besah sich ein wenig ratlos den Zettel, wendete ihn hin und her.

„Nun, lies doch mal", forderte ihn seine Frau auf.

Vater runzelte die Stirn, kniff die Augen zusammen. Frau Sabine schaute ihn erwartungsvoll an. Großmutter saß aufrecht am Tisch, allmählich wich die Röte aus ihrem Gesicht. Sie sah jetzt sehr streng aus.

„Das kann ich nicht lesen", sagte Vater, „nicht ein Wort."

Und er reichte den Zettel der Mutter. Doch Oma Renate kam ihr zuvor, nahm den Zettel und sagte: „Das kannst du auch nicht lesen, Sabine. Ich kenne seine Schrift. Habe lange gebraucht, bis ich seine Briefe entziffern konnte. Kamen aus der ganzen Welt, im Monat höchstens einer, und ich hatte dann die Mühe, sie Wort für Wort zu buchstabieren. Und wie wartet man auf solch einen Brief, möchte ihn rasch überfliegen, in einem Zug alles wissen." Sie hielt den Zettel mit ausgestreckten Armen, legte ihn aber wieder auf den Tisch.

„Ohne Brille geht das nicht."

Sie ging in den Flur, kramte in der Tasche.

Vater saß wie versteinert, Mutter lehnte sich auf dem Stuhl zurück.

Markus schienen sie vergessen zu haben. Der stand hinter dem Stuhl der Großmutter, die sich wieder gesetzt hatte und die Brille auf die Nase schob.

Ihr Gesicht wirkte noch strenger. „Dann werden wir uns mal Herrn Pauls Nachricht zu Gemüte führen“, sagte sie und wollte anfangen zu lesen.

Markus blickte auf den Zettel. „Solche Buchstaben kenne ich überhaupt nicht.“

Die Stimme des Jungen löste die Erstarrung am Tisch. Vater fuhr sich mit den Händen durchs Haar. Mutter schlug die Beine übereinander.

Großmutter Renate wandte sich dem Jungen zu. „Er hat sich nie so richtig an die moderne Schrift gewöhnt. Alles, was er aufs Papier bringt, ist durchmischt mit der Sütterlinschrift. Die habe ich auch noch gelernt. Aber dann wurde die eingeführt, die wir alle kennen. Er aber schreibt mal so und mal anders. Eine Eigenart des Herrn Paul Stojahn.“

„Wie bist du eigentlich mit ihm zusammengetroffen, Markus?“ fragte Vater.

„Vor der Schule hat er gestanden, als ich rauskam.“

„Und hat dich gleich erkannt?“ fragte Mutter Sabine.

„Ja.“

„Und was hat er gesagt?“ fragte Mutter weiter.

„Hallo. Bist du Markus Stojahn?“

„Hallo?“ bemerkte Vater auflachend. „Wie so ein Halbstarker. Hallo!“

„Warum soll er nicht hallo sagen? Würde ich vielleicht auch, wenn ich jemand zum ersten Mal spreche“, widersprach ihm seine Frau.

„Soll ich nun lesen, was er uns schreibt?“ fragte Oma Renate etwas ungeduldig.

„Mach mal, Oma“, sagte Markus.

Großmutter warf Markus einen halb verwunderten, halb strengen Blick zu.

„Weißt du, wie man das nennt, wenn man so was entziffern muß?“ fragte der Junge.

„Wie nennt man denn das?“ fragte Oma.

„Dechiffrieren. Habe ich vor kurzem gelesen. Die Geheimdienstleute machen das."

„Das ist aber keine Geheimschrift", sagte Vater. „Doch jetzt soll Oma vorlesen, was man uns zu melden hat."

Großmutter Renate rückte noch einmal die Brille zurecht:

„Werte Familie! Seid nicht böse, daß ich meinen Enkel Markus in Augenschein genommen habe. Bin für ein paar Wochen in Berlin, habe ziemlich viel Zeit, und da habe ich es nicht ausgehalten. Vier Tage und eine Menge Geduld habe ich gebraucht, dann stellte sich der Erfolg ein. Ich habe den Jungen sofort erkannt. War das Abkommen von damals nicht unanständig? So was ist nicht menschlich, meine ich. Ich will Euch nicht zur Last fallen, aber wenn mein Enkel Markus möchte, will ich für ihn ein richtiger Großvater sein. Schreibt mir, oder laßt mich durch Markus wissen, wie Ihr darüber denkt.

Gruß Paul

Nun, das ist also die Nachricht", endete Großmutter Renate, warf den Zettel auf den Tisch und auch die Brille, die an ein Glas stieß und es zum Klirren brachte.

Markus wollte nach dem Blatt greifen, vielleicht konnte er jetzt das Geschriebene entziffern, die fremden Buchstaben interessierten ihn sehr.

„Laß das liegen", sagte Großmutter Renate barsch und legte die Hand auf das Stück Papier. „Wir müssen darüber nachdenken."

„Ist doch eine Zumutung", begann der Vater. „Er ist ein paar Wochen in der Stadt, hat Zeit und kommt auf dumme Gedanken."

„Das Abkommen paßt ihm auf einmal nicht mehr. Das sei nicht menschlich. War das vielleicht menschlich, was er uns jahrelang geboten hat", sagte Großmutter.

„Er war doch aus unserem Gesichtskreis verschwunden. Nun

hat er das Abkommen einfach abgeschafft. Warum fragt er überhaupt danach?“ empörte sich Vater Georg.

„Und wie schlau er ist. Vier Tage hat er gebraucht, um den Jungen zu finden. Der geborene Sherlock Holmes. Zeit hat er und Langeweile, das ist alles“, ergänzte die Großmutter.

Markus war zurückgetreten. Verwirrt und staunend betrachtete er Vater und Großmutter Renate, die sich gegenseitig die schlimmen Sätze über Großvater Paul zuwarfen. Und sie waren sich so einig. Immer noch lag Großmutters Hand auf dem Notizzettel. Gleich würde sie die Hand ballen und das Stück Papier zusammenknüllen, so sah es aus.

Da sagte Mutter Sabine: „Wollen wir nicht vernünftig über die Sache sprechen. Den Jungen habt ihr wohl ganz vergessen?“

„Reden wir denn nicht sachlich?“ entgegnete Vater.

„Nein“, sagte seine Frau, „auf die Hauptsache geht ihr überhaupt nicht ein.“

„Und was soll die Hauptsache sein, meine Liebe?“ fragte Großmutter Renate.

„Der Junge, Markus. Nach ihm wird gefragt.“

Vater sah Markus an. Der Junge wich dem Blick nicht aus.

„Ja, so ist das Leben“, sagte Vater unsicher, fuhr sich mit der Hand über die Augen, als sei er sehr müde. Und das mochte wohl stimmen, hinter ihm lag ein langer Arbeitstag.

„Natürlich geht es auch um Markus“, sagte Großmutter Renate entschieden, „doch zunächst geht es um uns, um meinen Sohn Georg und um mich. Nur wir hatten mit diesem Herrn zu tun, der sich jetzt mit einer Nachricht auf einem Schmierzettel meldet. Genau dreizehn Jahre war ich mit besagter Person verheiratet, wenn es hoch kommt, war er die Hälfte der Zeit zu Hause. Und es waren Georgs bewußte Jahre, nicht die unwichtigsten. So steht die Frage zunächst einmal, Schwiegertochter. Deshalb sind unsere Überlegungen wohl ausschlaggebend. Oder etwa nicht?“

Schweigen herrschte nach diesen Worten der Großmutter Renate.

Dann sagte Markus: „Opa Paul ist aber ganz in Ordnung."
Mutter Sabine unterdrückte ein Lächeln.

Vater fragte: „Und warum ist er in Ordnung? Wie lange warst du denn überhaupt mit ihm zusammen?"

„In Sibirien war er und in Afrika."

„In Bulgarien auch, und in Finnland, in Jugoslawien, ach, wo der sich überall herumgetrieben hat", ergänzte Oma Renate.

„Dort war er auch?" staunte Markus. „Hast du die vielen Briefe noch, Oma? Du weißt doch, ich sammle Briefmarken."

„Die hab ich alle verbrannt. Und die Briefmarken dazu", sagte Oma Renate und senkte den Kopf.

„Du weinst ja, Oma", rief Markus.

„Mama, reg dich doch nicht auf", bat Schwiegertochter Sabine. „Klar, es ist überraschend für dich, daß er sich wieder meldet."

Markus umarmte die Großmutter.

Großmutter Renate wischte sich die Tränen ab, putzte die Brille blank.

„Wenn er wieder da ist, ist er eben wieder da", bemerkte Vater und erntete für diesen Satz einen spöttischen Blick seiner Frau. „Leicht hat er es ja auch nicht", fuhr Vater in seinen Überlegungen fort, „immer weit weg, in aller Welt heimisch. Nur zu Hause hat er niemanden."

„Er hat ein tolles Auto", sagte Markus, „mit ganz breiten Reifen. Die sind für jedes Gelände gut."

Und er sah den bunten Lada vor sich, hörte noch einmal den Knall der zuschlagenden Tür und sah auch Opa Pauls braungebranntes faltiges Gesicht mit den hellen Augen.

Mutter erhob sich entschlossen. „Es ist spät geworden. Der Junge muß ins Bett. Mit diesen Erinnerungen kommen wir nicht weiter."

Auch Oma Renate stand auf, sie hatte ihre Fassung wiedergewonnen, ihre Stimme klang ruhig und klar wie immer. „Ich werde auch gehen. Morgen ist kein Feiertag", sagte sie.

Vater legte sich eine große, pralle Tomate zurecht und nahm einen Schluck aus dem Bierglas.

Doch Markus sagte: „Und was soll ich Opa Paul sagen, wenn wir uns morgen sehen?"

Oma Renate blieb in der Tür stehen. Vater setzte das Bierglas ab. Mutter Sabine sah rasch auf Schwiegermutter und Mann und trat auf Markus zu. „Du sagst, er soll herkommen. Übermorgen abend soll er herkommen. Hier in die Wohnung. Wir werden mit ihm reden."

Großmutter Renate blickte zu ihrem Sohn Georg, der noch immer am Tisch saß und sich die Tomate zurechtschnitt.

„Was meinst du, Georg?" fragte ihn Mutter Sabine.

„Na ja, soll er herkommen", murmelte er widerstrebend.

Großmutter Renate ging aus dem Zimmer, nahm ihre Tasche, und bevor sie jemand aufhalten oder etwas sagen konnte, hatte sie die Wohnung verlassen, ohne ein Wort des Abschieds.

Vater aß die Tomate, stippte sie in Salz, schnitt Brot dazu.

Mutter sagte: „Hast du überhaupt etwas gegessen, Markus?"

„Nein, Mama. Ich hab keinen Hunger."

„Soweit kommt's noch. Du ißt noch was, und wenn es eine Kleinigkeit ist. Wir wollen die Angelegenheit nicht dramatischer machen, als sie es ist."

Markus setzte sich an den Tisch. Mutter strich ihm ein Brot.

„Ist Oma jetzt böse?" fragte der Junge.

„Ich kann sie verstehen", bemerkte Vater.

„Verstehen kann ich das auch", meinte Mutter.

„So?"

„Aber wie sie sich benimmt, das ist nicht in Ordnung."

Ihr Mann sah sie an, sagte aber nichts.

Markus nahm den Zettel hoch. „Behältst du das hier, Papa?"

„Den schmeißen wir weg", sagte die Mutter.

„Von wegen", widersprach ihr Mann hastig, „der kann noch eine Rolle spielen, den brauchen wir auf jeden Fall."

„Wozu denn?"

„Ist schließlich ein Dokument. Schwarz auf weiß steht's geschrieben. Daran gibt es nichts zu deuteln."

Er nahm den Zettel, faltete ihn sorgfältig zusammen, erhob sich und verließ das Wohnzimmer.

„Nun iß schon", sagte die Mutter zu Markus.

Der kaute lustlos. „Was wird jetzt weiter, Mama?" fragte er.

„Ich weiß es nicht, Markus. Du und ich, wir haben den Opa Paul nicht gekannt. Wie sieht er denn aus, Markus?"

„Eine Lederjacke trägt er, eine schwarze. Und hohe Schuhe, mit ganz dicken Sohlen."

Mutter lächelte. „Und wie kommt er dir so vor?"

„Ich find ihn in Ordnung, Mama. An seinem Autoschlüssel hängt der Zahn eines Löwen aus Afrika."

„Das ist was Besonderes. Sieht er alt aus, dein Opa Paul?"

„Alt? Na ja, schon. Die Haare trägt er ganz schön lang. Vielleicht war dort, wo er zuletzt war, kein Friseur. Und helle Augen hat er, wenn er dich damit ansieht, ist dir ganz komisch zumute. Papa hat manchmal auch solche Augen."

„Papa? Du hast recht. Früher hab ich das öfter bemerkt", sagte Mutter nachdenklich.

Vater kam ins Zimmer zurück, sah Frau Sabine und Sohn Markus an, als wolle er etwas sagen, er nahm aber nur sein Glas und die Flasche Bier und zwei Tomaten vom Tisch. „Ich setz mich auf den Balkon", sagte er und verließ das Zimmer.

„Papa hat was gegen Opa Paul", sagte Markus.

„Er ist sein Vater, und er ist von ihm weggegangen", sagte Mutter.

„Er ist weggegangen?" fragte der Junge.

„Ach, ich weiß es eigentlich auch nicht so genau. Papa spricht ungern darüber. Oma auch. Und es ist ja auch schon so lange her", meinte Mutter.

„Ich esse noch eine Stulle", sagte Markus.

Mutter bestrich das Brot dick mit Butter und legte Gurkenscheiben auf.

Markus beobachtete seine Mutter, blickte auf ihre gepflegten Hände, die sie oft cremt und mit den merkwürdigsten Instrumenten bearbeitet. Heute trug sie das Haar straff nach hinten gekämmt und im Nacken geknotet. Ihr Gesicht wirkte so schmaler.

Markus aß mit Behagen.

„Du sollst nicht schmatzen", schalt Mutter.

„Ich schmatz doch gar nicht."

„Doch, du merkst das gar nicht mehr."

Markus kaute langsamer.

„Was würdest du sagen, wenn Papa eines Tages von uns wegginge", fragte Mutter.

„Papa geht doch nicht weg", sagte Markus erschrocken.

„Das sag ich ja auch nicht, Markus. Aber wie würdest du sein, wenn es so wäre?"

„Sehr traurig", sagte der Junge.

„Siehst du, und so ging es bestimmt deinem Vater, als die Familie auseinanderbrach", sagte Mutter.

Markus schmeckten die letzten Bissen nicht mehr.

Mutter stellte das Geschirr zusammen, stand auf.

„Ist alles nicht so einfach", sagte sie. „Geh jetzt ins Bett. Heute wird nicht mehr lange geschmökert. Es ist schon spät."

„Ein paar Seiten, Mama", sagte der Junge.

„Aber wirklich nur ein paar."

„Zwanzig Seiten", bat Markus, „ist gerade so spannend."

„Ist morgen auch noch spannend", sagte Mutter.

Markus half das Geschirr und die übriggebliebenen Speisen in die Küche tragen. Dann wusch er sich im Bad, und als er sein Zimmer betrat, war sein Bett schon hergerichtet, und auf dem Nachttisch lag das spannende Buch, in dem ein Junge eine Rolle spielte, der sich von seinem kleinen Ort Neukuckow in die weite Welt träumte.

Das paßte zu Markus' Erlebnis an diesem Junitag, seine überraschende Begegnung mit dem Opa Paul, der aus weiter Ferne gekommen war. Mutter hatte genau zehn Seiten freigegeben, das

Lesezeichen war nicht zu übersehen, und es hatte keinen Zweck zu schummeln. Mutter merkte sich so etwas genau, man konnte sie nicht überlisten.

Markus schaute aus dem Fenster. Der Platz hinter den Häusern blieb um diese Zeit den ganz Großen vorbehalten, die sich auf den Bänken lümmelten, rauchten und sich viel zu erzählen hatten. Die Mopeds und Motorräder parkten am Straßenrand.

Neben Markus' Zimmer lag der Wohnraum der Familie, von dem aus man den Balkon betreten konnte.

Markus sah nur den Kopf des Vaters, der mit dem Rücken zu ihm saß. Sein dichtes braunes Haar war schon von grauen Fäden durchzogen.

Vater saß unbeweglich, blickte in die tiefstehende Sonne, die sich anschickte, hinter der nächsten Häuserzeile wegzutauchen.

Markus hätte den Vater mit einer Schwanenfeder kitzeln können, die über seinem Bett hing, um sich dann über Vaters Reaktion zu amüsieren, denn er ist sehr kitzlig.

Doch heute traute sich Markus nicht, er ahnte, an wen Vater dachte: an Paul Stojahn, an seinen Vater.

Markus ließ sich ins Bett fallen, nahm das Buch und fühlte sich auf einmal unheimlich müde. Er las die erste Seite, dann glitt ihm das Buch aus den Händen. Markus war eingeschlafen. Ein wenig später kam Mutter, wollte ihrem Jungen gute Nacht wünschen, hatte aber nur noch das Buch aufzunehmen.

Ihr Blick fiel auf den Globus, und sie merkte, daß er nicht an der richtigen Stelle stand. Sie stellte ihn auf seinen Platz und betrachtete nachdenklich ihren Sohn.

Markus erwachte aus einem Traum, doch er wußte nicht mehr, was er geträumt hatte. Aus weiter Ferne hatte er Stimmen gehört, und ihm war, als würde er von einer heißen Last bedrückt. Als er aufwachte, war ihm wirklich heiß, er stieß die Bettdecke vom Körper. Und die Stimmen waren ebenfalls wirklich, sie gehörten Mutter und Vater, die auf dem Balkon saßen. Es war dunkel geworden, und er hörte die Stimmen der Eltern überaus deutlich.

Vater sagte ungewöhnlich laut: „Ich kann es nicht vergessen. Sie hat jahrelang dieses Leben ertragen, diese Ehe, die nur aus Abschied und Ankunft des Mannes bestand. Und als sie verlangte, damit Schluß zu machen, seßhaft zu werden im Lande, hat er das nicht getan. Im Gegenteil, er übernahm einen Auftrag, der ihn fast ein Jahr, und ohne Aussicht auf Urlaub, ins Ausland holte. Das war seine Antwort auf ihre Bitte. Und auch auf meine. Was hatte ich von einem Vater, den ich nur hin und wieder mal sah. Da hat Mutter die Konsequenzen gezogen. Und ich habe das verstanden. Er ist gegangen, ohne großes Aufbegehren ist er einverstanden gewesen. Das kann ich nicht vergessen, Sabine."

Markus war nun hellwach. Wieder ging es um den Opa Paul. Vater war sehr erregt, so kannte ihn Markus nicht. Papa ist immer ruhig, ein Mann, der langsam und überlegt spricht, lieber weniger als zuviel. Und jetzt? Alles brach schnell und laut aus ihm heraus. Dann blieb es still.

„Willst du noch ein Bier, Georg?" hörte er Mutter fragen.

„Ja, ein Bier und einen Schnaps", antwortete Vater.

Der Junge hörte, wie ein Stuhl zurückgeschoben wurde und die leichten Schritte der Mutter sich entfernen.

Wenig später gluckerte Flüssigkeit in ein Glas.

„Wir haben nur Nordhäuser Korn", sagte Mutter. „Er ist kalt, lag im Tiefkühlfach."

„Gut, gieß ein. Und dir auch einen. Nordhausen ist ja seine zweite Heimat, oder seine eigentliche."

„Du sprichst von deinem Vater?"

„Natürlich. Von wem sonst", sagte der Mann. „In Nordhausen ist sein Betrieb, in der Stadt am Harz. Einmal waren wir dort, Mutter und ich. Sollten Urlaubstage sein, so zwischen seinen Auslandseinsätzen. Die Landschaft ist schön, der Harz nicht weit. Doch er kam nicht zur Ruhe. Andauernd mußte er ins Werk. Da hat Mutter kurz entschlossen die Koffer gepackt, und wir sind abgereist. Er kam erst ein paar Tage später nach, um nichts in der

Welt wäre er seinem Betrieb und seiner Arbeit etwas schuldig geblieben."

„Nun trink, Georg. Der Schnaps wird warm."

„Ja, er brennt bis in den Magen."

Wieder herrschte auf dem Balkon Schweigen.

Bis Mutter sagte: „Vielleicht hat sie ihn nicht verstanden, ich meine Renate. Er hatte nun mal seine Aufgabe. Und mit der Zeit ist die Liebe vergangen, einfach erloschen."

„Nein, nein, sie hat ihn sehr gern gehabt. Sie wollte ihn nur ganz haben, ganz und gar. So ist sie, du kennst sie doch. Es fiel ihr sehr schwer, so konsequent Schluß zu machen. Aber sie wußte, nur so war es möglich, das Leben zu ändern. Sie mußte diesen Paul Stojahn aus ihrem Leben streichen, und das war hart. Sie hatte Angst, daß ihre Gefühle für den Mann wieder aufflackern, wenn er auftaucht. Eine Liebe kann in Haß umschlagen, das weiß man doch."

Der Junge im Bett staunte über seinen Vater, noch nie hatte er ihn so reden hören. Und was er über Oma Renate sagte, und wie er es sagte.

Vielleicht war auch Mutter über ihren Mann Georg überrascht, denn es blieb eine ganze Weile still.

„Es sind so viele Jahre vergangen, Georg", sagte sie endlich, „da hat man doch Abstand, müßte man haben."

„Du kennst doch unsere Mutter", widersprach der Mann. „Sie kann nicht vergessen. Du weißt, wie sie an uns hängt."

„Ja, das weiß ich", sagte die Frau, „ist manchmal ganz schön anstrengend. Du bist in der Hinsicht ebenfalls anstrengend, kommst ganz nach ihr. Du willst auch deine Nächsten mit Haut und Haar."

„Bei uns ist das doch anders. Wir sind im Lande, wir leben gut, wir beide und der Junge", sagte Georg Stojahn.

„Es ist scheinbar anders, Georg. Ja, wir leben gut zusammen. Würde jeder bestätigen. Und ich habe ja keine Baustellen in der weiten, weiten Welt oder was ähnliches."

„Aber Sabine", sagte der Vater, „wie redest du auf einmal. Wir haben über meinen Vater gesprochen und über meine Mutter."

„Du hast recht", lenkte die Frau ein, „es geht wirklich um etwas anderes. Übermorgen wird dein Vater hiersein. Du warst einverstanden."

„Ja, aber wohl ist mir dabei nicht. Was soll dabei rauskommen?"

„Was Vernünftiges, Georg. Das auch unserem Markus nützt. Wir werden uns doch an einen Tisch setzen können, um sachlich ein paar Fragen zu besprechen. Du bist bekannt für deine Ruhe und Sachlichkeit im Betrieb und wo du sonst mitmischst. Es wäre gut, wenn Mutter käme. Ich würde ja mit ihr reden, aber ich glaube, es ist besser, du tust das. Du bist ihr Sohn, du bist ihr ein und alles."

„Schon wieder deine Übertreibungen", sagte Vater, „was hast du denn bloß. Sie hat dich genauso gern."

„Sie hat nichts gegen mich. Aber es war doch schwer für mich in den ersten Jahren. Und manchmal ist es auch heute nicht leicht mit ihr. Ihre Eifersucht. Vielleicht hast du das gar nicht gemerkt."

„Ich werde mit Mutter reden", sagte der Mann. „Sie wird's einsehen. Es geht um Markus, sie liebt ihn sehr."

„Na gut, Georg. Irgendwie werden wir es schon schaffen. Ich bin neugierig auf deinen Vater Paul."

„Das glaub ich dir gern", sagte der Vater.

„Wie hast du denn zu deinem Vater gestanden, als er noch bei euch war, Georg?"

„Er war ja nicht oft zu Hause, das weißt du doch", sagte der Mann. „Es war immer ein Fest für mich, wenn er kam. Dann war was los. Bunt und hell war auf einmal unser Leben. Er verstand es gut, mit mir umzugehen. Immer brachte er etwas Besonderes mit. Es ging dabei nicht um den Wert der Sache, das Besondere war der Wert. Zum Beispiel brachte er mir aus Finnland eine Lappenmütze mit, die war wunderbar warm und dazu leicht. Und er hatte viel zu erzählen, aber auch zu fragen. Er hat mich immer wißbegierig ausgefragt, über die Schule, meine Freunde, über meine Probleme. In der Zeit, in der er zu Hause war, hatte er stets Zeit für mich. Aber wie oft war das? Du kannst dir vorstellen, wie ich über ihn dachte, als er von uns wegging."

„Ihm blieb doch nichts anderes übrig, das hast du selbst gesagt. Deine Mutter hatte ihm doch eine Art Ultimatum gestellt", sagte Mutter Sabine.

„Aber er ging weg, hat auf mich verzichtet, als hätte ich ihm nichts bedeutet."

„Es ist schon spät, Georg", hörte Markus die Mutter sagen.

„Wann soll er denn kommen?" fragte der Vater.

„Zum Abendessen. Oder willst du ihn so einfach abfertigen?"

„Nein, das nicht. Aber wenn ich mir das vorstelle. Hier sitzt er und dort seine ehemalige Frau. Und wir dazwischen oder daneben. Und der Junge ist am Tisch. Und dann wird gegessen."

„Und ein bißchen getrunken", ergänzte die Mutter. „Mach's nicht so kompliziert, Georg."

Auf dem Balkon wurden Stühle gerückt, Gläser klirrten leise.

„Du sprichst also morgen mit Renate?" fragte die Mutter.

„Ja, hab ich doch gesagt. Ich weiß zwar noch nicht, wann. Ich fahre am besten in der Mittagspause zu ihr ins Krankenhaus."

Markus hörte nun die Stimmen der Eltern im Wohnzimmer, aber er konnte nichts mehr verstehen. Durch das Fenster sah er ein Stück Nachthimmel. Die Sterne funkelten jetzt kräftiger. Der Junge vernahm noch gedämpfte Geräusche, bald verstummten auch die, in die Wohnung der Stojahns kehrte nächtliche Ruhe ein.

Markus aber konnte nicht einschlafen. Das Gespräch der Eltern ging ihm durch den Kopf.

Wer hat recht? Papa? Mama? Vielleicht hat jeder ein bißchen recht. Gibt es das überhaupt?

Denkt Markus an Oma Renate, tut sie ihm leid. Sie ist sehr gut zu ihm, und er hat sie sehr gern.

Jetzt kommt ihr Leben wieder ganz durcheinander – durch

diesen Opa Paul in der schwarzen Lederjacke.

Aber sie ist auch merkwürdig, die Oma Renate, läßt nicht mit sich reden, rennt aus der Wohnung, läßt das Abendessen stehen, hat keinen Blick mehr für ihre Kinder und für den Enkelsohn Markus. Und Opa Paul? Eigentlich kennt er ihn doch gar nicht. Markus hat gehört, was die Eltern über ihn sagten. Manches fand er in Ordnung, anderes nicht. Ist doch gut, wenn ein Mensch nicht von seiner Arbeit loskommt. Aber Opa Paul ist weggegangen von seinem Sohn Georg, der ihn so sehr mochte und dem er die bunte Wollmütze aus Finnland mitgebracht hatte.

Markus hat viel zu grübeln.

Die Müdigkeit kommt dann doch und macht alles weich und ruhig. Und Markus träumt wieder. Es ist wie eine Filmaufnahme, die langsam abläuft.

Oma Renate kommt auf ihn zu, und neben ihr geht Opa Paul, seine schwarze Lederjacke trägt er offen. Und in ihrer Mitte sieht Markus eine kleinere Gestalt, einen Jungen. Oma Renate und Opa Paul halten ihn an den Händen, und der Junge schaut abwechselnd Oma Renate und Opa Paul an und lächelt.

Der Junge ist er, Markus. Ja, so läuft er und so lächelt er auch, wenn er froh ist.

Der tiefe Schlaf kommt, und der Traum verschwindet, der Traum von einem glücklichen Tag, an dem Markus Oma Renate und Opa Paul für sich hat.

Ein Traum?

Er kann Wirklichkeit werden. Das ist doch möglich!

2.

„He, was guckst du aus dem Fenster? Ist da wer?“ fragte Sven, Markus’ Banknachbar.

„Hab eben Lust dazu“, erwiderte Markus, ließ den Blick nicht vom Vorplatz der Schule, er hatte Paul Stojahn entdeckt, der vor dem bunten Auto stand. Die Lederjacke hing über einer Schulter, die Ärmel des karierten Hemdes waren hochgekrempelt.

„Was trödelst du bloß", drängelte Sven. „Wir wollen doch ins Schwimmbad."

„Wird nichts", sagte Markus, „hab was vor."

Sven stellte sich neben den Freund ans Fenster, sah wie der auf den Vorplatz, konnte natürlich nichts Besonderes entdecken, nur Kinder aus ihrer Klasse, die eilig nach Hause liefen.

„Du spinnst, was?" sagte Sven. „Wir sind die letzten."

Markus überlegte, daß er in wenigen Augenblicken vor Opa Paul stehen wird und daß er für ihn eine gute Nachricht hat.

Heute wird alles anders sein mit Opa Paul. Gestern war er die große Überraschung, der Unbekannte. Nun liegt der gestrige Abend dazwischen, die Geschichte am Abendbrottisch und die Unterhaltung der Eltern auf dem Balkon.

Sven stieß den Freund in die Seite.

„Markus! Hast du was?"

„Nichts hab ich."

„Ich hau jetzt ab."

„Ja, hau ab. Morgen sehen wir uns ja wieder", sagte Markus.

Sven tippte sich an die Stirn, ging zögernd, an der Tür sah er sich noch einmal um.

Markus blickte immer noch aus dem Fenster. Opa Paul stand ruhig vor seinem Auto, legte die Lederjacke auf die andere Schulter.

Markus wollte warten, bis Sven außer Sichtweite war, sein Geheimnis mit dem unbekannten Großvater wollte er nicht preisgeben.

Sven trabte über den Vorplatz, sah hoch, legte die Hand vor die Augen, weil ihn die Sonne blendete.

Markus beugte sich weit vor, damit Sven ihn auch erkennen konnte.

Der Freund tippte sich wieder vielsagend an die Stirn und lief weiter, genau auf den bunten Lada zu. Sven schlug einen Bogen um das Auto, besah es sich eingehend und dabei auch den Mann im karierten Hemd.

Wenn Sven wüßte, wen er dort betrachtete! Und könnte er erst den Zündschlüssel mit dem gelblichen Fangzahn des Löwen sehen!

Kaum war Sven verschwunden, kam Bewegung in Markus, keine Sekunde wollte er mehr verlieren. Der Vorplatz lag verlassen in der Mittagssonne, es läutete zur nächsten Stunde. Fünf Stufen auf einmal nehmend, fegte Markus die Treppen hinunter, erreichte gerade noch die Eingangstür, bevor sie abgeschlossen wurde, und trat hinaus in die helle Sonne.

Jetzt lief er langsam, war weithin zu sehen und natürlich auch von Opa Paul. Der kam dem Jungen entgegen. In der Mitte des Platzes trafen sie sich, der Junge und der Alte.

Opa Paul lächelte. „Da bist du ja, Markus."

„Hallo", sagte der Junge. Und sie gaben sich die Hand.

„Dachte schon, bei dir hat sich was geändert", sagte Opa Paul.

„Wartest du schon lange?"

„Nicht sehr lange. Aber ich habe Zeit", sagte der Mann.

Markus fiel der Satz von Vater ein, der gestern abend bissig bemerkt hatte, Paul Stojahn habe viel Zeit und komme deshalb auf dumme Gedanken.

„Was hast du denn die ganze Zeit gemacht?" fragte der Junge.

„Welche Zeit?" fragte Opa Paul verblüfft.

„Na, von gestern bis heute."

„Von gestern bis heute? Am Nachmittag bin ich zum Weißen See gefahren und habe gebadet. Kennst du doch?"

„Klar. Gut kenne ich den", sagte der Junge.

„Und am Abend? Am Abend habe ich mich in eine Kneipe gesetzt und hab eine Bockwurst gegessen mit Kartoffelsalat und ein paar Bier getrunken."

„Ganz allein warst du in der Kneipe? Ist das nicht langweilig?"

„Überhaupt nicht. In der Kneipe sitzen immer Leute. Du kommst gleich ins Reden, und schon wird's gemütlich."

„Papa geht nicht in die Gaststätte. Nur hin und wieder mit Mama. Wenn sie mal im Theater waren oder im Konzert", erklärte Markus.

„Ja, das ist was anderes. Im Theater muß man einen feinen Anzug anhaben und so", meinte Opa Paul.

„Hast du einen feinen Anzug?"

„Ja. Und weil ich ihn nicht so oft anziehen muß, bleibt er lange gut. Der reicht für mein Leben", sagte Opa Paul.

„Und was hast du heute gemacht?" fragte der Junge.

„Heute? Nun ja, gefrühstückt. Um halb sechs."

„So früh?"

„Ich steh immer früh auf. Wenn ich wach werde, stehe ich auf. Was soll ich im Bett."

„Mir geht's anders", sagte Markus. „Ich komme ganz schwer aus der Falle. Mama zieht mir die Bettdecke weg."

„Bei mir ist niemand, der mir die Bettdecke wegziehen könnte, also muß ich mich ohne Aufforderung von der Matratze erheben", sagte Opa Paul und fuhr fort: „Nach dem Frühstück hab ich einiges geschrieben."

„Einen Brief?" fragte Markus.

„Nein, Briefe schreibe ich selten. Ich schreibe auf, was sich auf meiner letzten Baustelle in Sibirien getan hat, wie unsere Bagger funktioniert haben oder nicht. Und warum das so war, und was im Werk noch zu tun ist, damit sie besser arbeiten", erklärte Opa Paul.

„Du schreibst also einen Bericht", sagte Markus.

„Richtig, ich schreibe einen Bericht."

„Papa schreibt manchmal auch einen Bericht."

„Ja, das macht man überall."

„Schreibst du in deiner alten Schrift?"

„Ach", sagte Opa Paul, „hab ich den Zettel gestern in meiner gewohnten Schrift geschrieben?"

„Ja", sagte der Junge, „nur Oma konnte ihn lesen."

„Dann ist ja alles in Ordnung", sagte Opa Paul etwas heiser,

„aber meinen Bericht schreibe ich auf der Schreibmaschine, tippe mit zwei Fingern."

Markus und der Großvater standen allein auf dem leeren Platz, die Junisonne brannte fast senkrecht vom Himmel.

„Gehn wir zu unserer Bank", schlug Opa Paul vor, „dort ist Schatten."

Nicht weit von der Bank parkte das bunte Auto. Ein Seitenfenster war heruntergekurbelt.

„Du hast dein Auto wieder nicht abgeschlossen", sagte Markus.

„Das lern ich nicht und lern ich nicht", sagte Opa Paul.

Sie saßen nebeneinander auf der Holzbank, die, wie auf der Lehne zu lesen war, dem Gartenamt gehörte.

„Und was hat man zu meiner Nachricht gesagt?" fragte Opa Paul, und es war seiner Stimme anzumerken, daß er sehr gespannt war auf die Antwort.

Markus sah Opa Paul von der Seite an, blickte in die hellen Augen. „Alles hab ich nicht behalten", sagte er.

„Haben sie auf mich geschimpft?"

„Ja, das auch."

„Oma Renate?"

„Oma hat geweint", sagte Markus.

Opa Paul fragte bestürzt: „Sie hat geweint?"

„Ja, aber nicht lange."

„Habe selten erlebt, daß sie weinte", sagte Opa Paul.

„Du sollst morgen abend zu uns kommen, soll ich dir sagen."

Der Mann beugte sich zu dem Jungen. „Wirklich? Morgen abend? Zu euch, in die Wohnung von Mama, Papa und dir?"

„Ja, zu uns."

Der Junge wunderte sich über die Aufregung des Großvaters.

„Freust du dich nicht?"

„Aber wie", sagte Opa Paul rasch, „ich kann's noch gar nicht glauben."

„Ist aber so. Mama hat das vorgeschlagen. Und wenn sie sich

was in den Kopf setzt, wird das auch gemacht."

„Und Papa und Oma Renate sind einverstanden?"

Markus zögerte mit der Antwort. Papa ist einverstanden, das hatte er am Abendbrottisch gesagt und dann noch einmal auf dem Balkon.

Aber Oma? Ob Papa schon bei ihr gewesen ist? Ohne ein Wort des Abschieds war sie aus der Wohnung gegangen. Noch nie war das passiert, jedenfalls hatte es Markus nicht erlebt.

„Ja, sie sind einverstanden", sagte Markus. Er sagte das, weil er so sehr wünschte, daß morgen abend alle gemeinsam am Tisch sitzen werden, er, Markus, Mama und Papa, Oma Renate und der Großvater, der Paul Stojahn heißt.

Opa Paul lehnte sich zurück, dehnte seine Brust.

„Also, dann komme ich zu euch, besuche euch, komme pünktlich um sieben zum Abendessen."

„Weißt du, wo wir wohnen?"

„Ja", sagte Opa Paul und stand auf. „Bleib sitzen, ich bin gleich wieder hier", sagte er, ging zu seinem Auto, griff durch das Fenster und angelte einen kleinen Karton heraus.

Großvater Paul beugte sich zu Markus und sagte fast feierlich: „Für dich, von deinem Großvater Paul."

Der Junge nahm vorsichtig den Karton entgegen, die Erregung des Großvaters, der sich wieder gesetzt hatte, übertrug sich auf ihn.

Er öffnete behutsam den Deckel. Im Karton lag das kleine, blitzende Modell eines Baggers.

„Kannst du ruhig anfassen", sagte Opa Paul, „so empfindlich ist er nicht, ziemlich stabil, gutes Material. Etwas anderes suche ich nicht aus."

Der Junge hob den Bagger heraus, der auf seinem Handteller Platz fand. Die Raupenketten waren aus schwarzem Gummi gefertigt, die Fahrerkabine war grau lackiert, rot angestrichen glänzten Schwenkarm und Schaufelkopf.

„So sehen deine Bagger aus?" fragte Markus.

„Eine Sorte. Wir bauen ja viele Typen. Der hier ist sehr geländegängig, den kann man sonstwo einsetzen. Der nimmt unwahrscheinliche Steigungen, wenn es darauf ankommt. Probier mal, bewegt sich alles. Ist genau nach Maßstab gebaut."

Markus bewegte vorsichtig den Schwenkarm. Er drehte sich leicht.

Opa Paul nahm ihm das Modell aus der Hand.

„Komm", sagte er, „ich zeig dir's."

Er hockte sich neben der Bank auf die Gehwegplatten, die den Rasen begrenzten, stellte das Baggermodell auf den rauhen Beton und setzte die Raupenketten in Bewegung, ließ den Schwenkarm kreisen und den Schaufelkopf auf- und zuklappen.

„Siehst du, so funktioniert der", sagte Opa Paul. „Der kommt durch jedes Gelände, sag ich dir", erklärte er weiter. „Nehmen wir mal an, hier beginnt undurchdringlicher Urwald, seit Jahrtausenden unberührt. Und dort liegen unvorstellbar reiche Rohstoffvorkommen: Steinkohle, schwarzglänzende, gute Kohle. Und sie liegt gleich unter der mit Wald bedeckten Erdschicht. Unser Kräftiger hier schlägt die Bresche, schuftet unermüdlich, bezwingt den Urwald, legt die schwarze Kohle frei."

Und Markus verfolgt den Weg des kleinen Baggers, der, von der Hand des Großvaters dirigiert, sich in das Rasendickicht hineinfrißt, die Grashalme schlagen über ihm zusammen . . .

Das sind keine Grashalme mehr, sondern riesige Bäume und dichtes undurchdringliches Buschwerk. In der Kabine des Baggers sitzt ein Mann, der das schwere Fahrzeug steuert, und dieser Mann ist Großvater Paul mit seinen hellen furchtlosen Augen, er läßt den Greifer die Erde abheben, um die schwarze Kohle freizulegen . . .

Opa Paul nahm den Bagger hoch, stand auf und klopfte sich den Schmutz von der Hose.

„So ungefähr mußt du dir das vorstellen, Markus", sagte er und pustete sorgsam den Staub vom Bagger und zog Grashalme aus den Raupenketten.

Sie setzten sich wieder auf die Bank, der Ausflug in den fernen sibirischen Wald war zu Ende.

Markus packte den Bagger fester an, probierte alle Teile, sie funktionierten reibungslos.

„Baut man die kleinen Modelle bei euch?“ fragte der Junge.

„Ich habe den zusammengebastelt. Das ist mein Hobby“, sagte Opa Paul.

„Du?“

„Ich habe oft Zeit, Markus. Was ist schon los in der Taiga. Lange und viel wird gearbeitet. Und in der Freizeit mußt du dich vernünftig beschäftigen. Nur Trinken und Kartenspielen haut nicht hin. Ich habe mein Werkzeug und Material und Geduld und Spaß. So ist das.“

„Schönen Dank für den Bagger“, sagte Markus.

„Ich freu mich, daß er dir gefällt. Wenn du willst, bau ich dir noch andere Modelle. Dann weißt du ganz genau, womit sich dein Opa Paul sein Leben lang beschäftigt hat.“

„Wenn du Zeit hast, ich sammle ja Automodelle“, sagte der Junge.

Opa Paul klopfte dem Enkel auf die Schulter. „Natürlich habe ich Zeit“, sagte er.

Markus legte den Bagger in den Karton, verschloß ihn sorgsam.

„Ich hätte Lust auf ein Eis“, sagte Opa Paul. „Du auch?“

„Lust schon“, meinte Markus, „bloß hier in der Nähe ist keine Eisdiele.“

„Wir fahren los und suchen eine“, sagte Opa Paul. „Was meinst du?“

Markus fiel Oma Renate ein und Vater Georg. Ja, Opa Paul hat Zeit, viel Zeit. Und nun soll er mit ihm fahren und Eis essen gehen, das reine Vergnügen.

Der Junge zögerte mit der Antwort, ihm war unbehaglich zumute.

Opa Paul sagte rasch: „Ach, mir fällt ein, ich hab heute gar keine Zeit mehr. Ich muß zu meiner Dienststelle, die brauchen meinen Bericht. Hätte ich fast vergessen."

Markus sagte erleichtert: „Wir sehen uns ja morgen."

Paul Stojahn erhob sich. Der Junge folgte ihm bis zum Auto. Durch das heruntergelassene Fenster sah er den Zündschlüssel, der natürlich die ganze Zeit im Zündschloß gesteckt hatte, und daran den gelblichen Löwenzahn.

„Dann mach's gut, Markus", sagte Opa Paul und reichte dem Jungen die Hand.

„Mach's auch gut", sagte Markus.

Opa Paul öffnete die Tür und setzte sich hinter das Lenkrad. Jetzt tat es Markus leid, daß er sich schon von Opa Paul trennen mußte.

„Grüß zu Hause", rief der Mann, der Motor lief schon.

„Mach ich", rief der Junge.

Das bunte Auto fuhr an, heute nicht so rasant, mehr zögernd, als wisse der Fahrer nicht so recht, wohin er wolle. Aber dann beschleunigte er doch das Tempo, war bald hinter der nächsten Häuserecke verschwunden.

Markus ärgerte sich, daß er seinen Freund Sven hatte abblitzen lassen, ein langer Nachmittag lag vor ihm.

Er entschloß sich, ins Bad zu gehen, dort würde er Sven treffen. Doch erst ging Markus nach Hause, baute den Bagger in seinem Zimmer auf, betrachtete ihn lange und dachte, daß es doch ein Wunder ist, daß Opa Paul mit seinen großen, schweren Händen dieses winzige Modell gebastelt hat, so genau, und alles funktioniert auch.

Geduld gehört dazu. Die hat er, Markus, nicht so sehr. Bei ihm muß es fix gehen, und geht es nicht, kann er schnell alles in die Ecke feuern, was er später bereut.

Sein Vater hatte ihm einmal einen Automodellkasten mitgebracht. Zunächst ging alles ganz gut. Auf einmal aber klappte der Zusammenbau nicht mehr, irgend etwas hatte er übersehen, ein Teil falsch eingesetzt. Wütend rupfte er alles auseinander und fand sich dann nicht mehr zurecht.

Vater hatte sich am Abend hingesetzt und in ein paar Stunden das Modell aufgebaut, was ihm nicht leichtfiel, alles war völlig durcheinandergeraten.

Vater hatte mit kritischen Bemerkungen nicht gespart. „Deine verdammte Ungeduld. Was soll das? Baust alles wunderschön zusammen, rasch, geschickt. Und dann kommt ein Punkt, wo es nicht gleich weitergeht. Da packt dich die Wut, und du bringst alles durcheinander. Eine Eigenschaft deiner lieben Mutter schlägt dann durch. Alles muß fix gehen. Aber alles geht nicht fix, das mußt du dir merken. Geduld ist die Grundlage aller Erfolge."

Markus sah das auch ein, doch bis zum nächsten Mal waren die guten Vorsätze wieder vergessen.

Am Nachmittag traf Markus im Bad am See nicht nur Sven, der ihn mißtrauisch ansah und kaum redete, sondern seine halbe Klasse. Beim Schwimmen, Balgen und Brausetrinken verging die Zeit wie im Fluge.

Nur manchmal ertappte sich Markus, daß er an Opa Paul dachte und den morgigen Besuch. Dann blickte er sich verstohlen um, als könnte er irgendwo im Bad oder auf der Terrasse des Cafés Opa Paul entdecken.

Nach dem Abendessen bat Markus die Eltern in sein Zimmer und zeigte ihnen das Geschenk des Großvaters, den kleinen Bagger.

Mutter besah sich das Modell. „Sieht hübsch aus", sagte sie.

„Bei dem geht alles", sagte Markus und ließ den Bagger greifen und schrappen.

„Allerhand", bemerkte Mutter, „was die sich einfallen lassen."

„Den hat Opa gebaut", sagte der Junge.

„Da hat er sich aber Mühe gegeben", meinte Mutter bewundernd und sah genauer hin, „so winzig klein alles. Man braucht fast eine Lupe, um jede Einzelheit zu erkennen."

„Er baut mir noch andere Modelle, hat er mir versprochen."

„Das ist ein originelles Geschenk", sagte Mutter.

Vater betrachtete ebenfalls den Bagger, besah ihn sich eingehend und prüfte die Funktionsfähigkeit der beweglichen Teile.

„Der ist genau nachgebildet“, sagte er.

„Ganz bestimmt, Papa“, sagte Markus eifrig. „Opa Paul versteht was davon, er kennt seine Bagger genau.“

„Das kann man wohl sagen“, meinte Vater, „hat ja all die Jahre nur sie im Sinn gehabt.“

Seine Frau sah ihn mißbilligend an, wandte sich an Markus: „Und was hat er zu unserer Einladung gesagt?“

„Er hat sich echt gefreut“, sagte der Junge.

Vater verließ das Zimmer.

Mutter meinte: „Stell den Bagger neben den Globus. Dort ist Platz, und er paßt dorthin.“

„Du hast recht, Mama“, sagte Markus. „Er kann wirklich neben dem Globus stehen.“

Er schob seinen Stuhl an die Schrankwand und stellte das Baggermodell in das Regal. Nun stand das winzige Baggerchen neben der großen bunten Erdkugel, von unten kaum zu sehen und doch am rechten Platz.

„In der Schule ist wohl nicht mehr viel los?“ fragte Mutter.

„Sind ja bald Ferien. Rollt langsam aus“, sagte der Junge.

„Und die Lehrer schreiben die gefürchteten Urteile über das vergangene Jahr. Manch einer zittert davor“, scherzte Mutter.

„Ich aber nicht, Mama“, protestierte Markus.

„Na, na, mußt nicht den Furchtlosen spielen, Markus.“

„Ein klein bißchen Bammel hab ich schon“, gab Markus zu, „Mathe-Stössel will uns immer überraschen. Finde ich blöd. Frau Schumann sagt uns, wie es steht. Das ist in Ordnung.“

„Ein bißchen im ungewissen bleiben ist auch nicht schlecht“, meinte Mutter.

„Du hast solche Spannung vor den Ferien gut gefunden?“

„Gut nicht, aber es prickelte“, sagte Mutter und lächelte versonnen.

An diesem Abend lag Markus sehr früh im Bett, doch die gewohnte Leselust wollte sich nicht einstellen. Er dachte an den Nachmittag im Seebad, mit Wasser, Wind, Sonne und Herumtoben, aber auch an Opa Paul. Morgen abend um diese Zeit wird er hier in der Wohnung sein. Sie haben zu Abend gegessen und miteinander geredet. Oma Renate wird zuerst schweigen, aber dann doch was sagen. Er wird um diese Zeit schon in seinem Zimmer sein, wird so liegen wie heute und auf die Stimmen aus dem Wohnzimmer lauschen: die klare und deutliche Oma Renates, die zögernde Vaters, die helle klangvolle Mutter Sabines und die etwas rauhe, heisere Opa Pauls.

Und mit diesen Stimmen im Ohr wird er einschlafen. Schlimme Träume werden nicht kommen.

So wird es vielleicht morgen abend sein, doch noch liegt ein ganzer langer Tag dazwischen.

Zur gewohnten Gute-Nacht-Zeremonie kam Mutter ins Zimmer und sah Markus still im Bett liegen, ohne Buch vor der Nase.

„Nanu? Nicht mehr spannend, das Buch?“ fragte sie.

„Doch. Aber heute habe ich ich keine Lust.“

„Das gibt's“, sagte Mutter, „brauchst du morgen eine Stulle mehr? Ihr habt doch nachmittags Sport?“

„Nein, Mama, wie immer.“

„Reicht denn das, Markus?“

„Ja, Mama, es reicht.“

„Wie du willst, Markus. In der nächsten Woche gehen wir für den Urlaub einkaufen. Du brauchst Sportzeug, Socken und einen Trainingsanzug.“

„Und einen Feldspaten, ja? Der zusammengeklappt werden kann.“

„Warum das?“

„Braucht man immer. Strandburgen bauen und so.“

„Meinetwegen, kaufen wir einen Feldspaten.“

„Mama, wirklich, der Spaten ist gut zu brauchen.“

„Wird schon so sein, mein Sohn“, sagte Mutter Sabine, „und morgen komme pünktlich nach Hause. Ich schreib dir ein paar

Sachen auf. Für den Abend, an dem dein neuer Großvater bei uns erscheint. Du gehst am besten in die Kaufhalle."

„Mama, wird alles so werden, wie du dir das denkst?" fragte der Junge.

„Ich hoffe es. Er soll kommen, und wir werden miteinander reden. Ist doch normal", sagte Mutter.

„Ja, für dich. Aber für Oma? Für Papa?"

„Sie werden sich nicht um den Hals fallen, das ist klar", meinte Mutter. „Und du sollst dir nicht so viele Gedanken machen."

„Ich bin ja eigentlich schuld, daß soviel Aufregung bei uns ist."

„Nun mach mal einen Punkt, Junge. Wieso sollst du schuld sein? Du bist auf der Welt, und dein Großvater wollte dich sehen. Schließlich hat er ja was mit deiner Existenz zu tun", regte sich Mutter auf.

„Wird alles gut werden, nicht wahr?"

„Ich denke schon. Wenn man will und vernünftig ist", meinte Mutter. Dann lächelte sie und beugte sich zu dem Sohn. „Steht plötzlich im Mittelpunkt des Geschehens, unser Markus. So geht das manchmal im Leben. Und jetzt wird geschlafen."

Der weiche Kuß der Mutter, die Haare, die sie heute offen trug, kitzelten im Gesicht.

Als Mutter das Zimmer verlassen hatte, stieg Markus noch einmal aus dem Bett, holte das Baggermodell vom Schrank und stellte es auf den kleinen Tisch. Er legte sich auf die Seite und behielt den Bagger im Blick, den Opa Paul für ihn gebastelt hatte.

So pünktlich verließ Markus selten nach dem Unterricht die Schule; auf dem kürzesten Wege eilte er nach Hause. Nur einen winzigen Abstecher zur Bank, auf der er gestern mit Opa Paul gesessen hatte, erlaubte er sich, vielleicht in der Hoffnung, er könnte auf der Straße den bunten Lada entdecken.

Das war ja wohl möglich, obgleich Opa Paul am Abend in der Wohnung der Stojahns erwartet wird.

Markus beeilte sich, dabei war bis zum Abend noch viel Zeit.

Der Junge wollte seine Besorgungen hinter sich bringen, befürchtete, irgend etwas zu vergessen oder nicht zu bekommen.

Er lief zweimal in die Kaufhalle, und es war noch früh am Nachmittag, als er seine Pflichten erfüllt hatte.

Markus stand in seinem Zimmer und betrachtete es mit kritischem Blick. Großvater Paul wird bestimmt das Zimmer des Enkels sehen wollen. Nichts war auszusetzen, alles in Ordnung. Das ist auch nicht anders möglich bei einer Mutter Sabine, ihren ständigen Kontrollen und ihren Reinigungseinsätzen am Wochenende. Dabei war alles nicht so streng geordnet in dem Zimmer, die Anordnung der Poster und Bilder, das Stellen der Bücher war seine Sache. Aber eben die Sauberkeit. An solchen Tagen wie heute verstand Markus seine Mutter, die ihm ständig mit der Mahnung in den Ohren lag, daß Ordnung und Sauberkeit das halbe Leben seien, daß man nie in Verlegenheit gerate bei überraschendem Besuch, wenn man zu jeder Zeit Ordnung halte.

Ja, jederzeit hätte Opa Paul kommen können.

Doch Markus wollte etwas Besonderes für den Besuch vorbereiten.

Aus dem Schrankregal holte er den Globus und das kleine Baggermodell. Er drehte den Globus so lange, bis die grüne, weite Fläche Sibiriens nach oben zeigte. Und auf dieses weite Sibirien setzte er den Bagger. Ein bißchen schief stand er schon, doch die Gummiketten hafteten an der lackierten Oberfläche des Globus. Mit einem Stück Pappe klemmte Markus die Erdkugel fest, damit sie sich nicht drehen konnte und den Bagger abwarf.

Markus trat einen Schritt zurück. Sah gut aus, der Globus und darauf der Bagger. Das Größenverhältnis stimmte zwar nicht, das ließ sich nicht leugnen. Man mußte sich eben die vielen Bagger dort vorstellen. Und der eine vertritt die vielen, die in Sibirien arbeiten.

Markus verließ das Zimmer und schloß die Tür. Er stellte sich vor, er wäre Opa Paul, der zum ersten Mal das Zimmer seines Enkels betreten will. Markus öffnete die Tür. Ja, der Globus und der

Bagger fallen sofort ins Auge, sind nicht zu übersehen. Großvater Paul ist außerdem viel länger als Markus. Er entdeckt sofort sein Geschenk für den Enkel und auch, wo es steht. Und seine Freude ist groß.

Mutter kam früher, schon um fünf, und schleppte eine schwere Einkaufstasche. In der Küche überflog sie die auf dem Tisch ausgebreiteten Einkäufe des Sohnes mit einem Blick.

„Hast du alles erledigt? Gut", sagte sie und packte ihre Einkäufe aus. „Hier die Flasche Weinbrand für Oma und für die Männer und für mich Wodka. Bier ist noch da. Oder was mag er trinken, dein Großvater Paul?"

„Vielleicht trinkt er gar nicht", sagte Markus. „Na, er wird sich schon ein Gläschen genehmigen. Solche Weltreisenden machen das eigentlich", meinte Mutter und fügte hinzu: „Wein habe ich auch noch, roten und weißen. Am besten wäre, wir würden alle Wein trinken."

„Du hast aber eingekauft. Mann, das geht ins Portemonnaie", sagte Markus. Der letzte Ausdruck gefiel ihm, den gebrauchte oft Oma Renate, wenn sie von größeren Ausgaben sprach oder vor weiteren warnen wollte.

„Das ist schon wahr", gestand Mutter ein, „aber es ist ja nun mal ein besonderer Anlaß heute. Wie stünden wir da, wenn ein naher Verwandter zum ersten Mal aufkreuzt, und der Tisch ist leer. Und schließlich wird das Zeug nicht schlecht. Schnaps und Wein kannst du lange aufheben."

„Was trinke ich, Mama?"

„Brause. Cola ist nichts am Abend. Ich habe auch noch Saft. Klar, du trinkst Orangensaft."

„Mit Strohhalm aber."

„Heute nicht mit Strohhalm. Du schlürfst immer die Neigen aus. Doch warum nicht. Also gut, mit Strohhalm", sagte Mutter Sabine und warf einen Blick auf die Küchenuhr.

„Mein Gott, nun aber ran. Markus, du hilfst mir. Trag das Geschirr ins Wohnzimmer, das gute, Teller und Bestecke. Wie viele sind wir denn? Ach ja, fünf Personen. Wie wir sitzen, leg ich noch fest. Wir müssen überlegen. Fang an, Junge. Ich zieh mir nur eine Schürze über."

Jetzt ging es los, das war Mama, fix eins drei mußte nun alles gehen, das machte ihr Spaß.

Mutter und Sohn standen am runden Wohnzimmertisch. Mutter überlegte laut: „Also, wie setzen wir uns? Das ist immer wichtig, aber heute ganz besonders."

Sinnend umrundete Mutter den Tisch, gefolgt von Markus.

„Ich denke so", äußerte sie sich. „Du sitzt an deinem gewohnten Platz. Rechts neben dir der Opa, dann komme ich, dann Papa, und der Kreis schließt sich mit Oma."

„Also sitze ich zwischen Oma und Opa", stellte Markus fest.

„Genau. Und dein Großvater sitzt zwischen dir und mir. Geht so, wie?"

„Das ist gut ausgedacht", sagte Markus und stellte sich vor, wie sich Oma Renate und Opa Paul über seinen Kopf hinweg Blicke zuwerfen würden. Aber was für Blicke?

„Ich kann Tischkarten malen", schlug Markus vor, „wie zu meinem Geburtstag. Jeder weiß gleich, wo er sitzen soll. Und niemand steht herum."

Mutter überlegte kurz und sagte: „Prima Gedanke. Karten mußt du noch haben. Doch saubere Schrift, klar."

„Was denkst du denn von mir, Mama", sagte Markus.

In seinem Zimmer malte er sorgsam die Tischkarten, fing mit sich an, das war das einfachste. Markus. Mama, Papa, da gab es kein Überlegen. Doch was schrieb er bei den beiden, die noch übrigblieben? Oma. Ja, das war ihm vertraut, so nannte er seine Großmutter. Und Opa? Er malte ein Kärtchen, und das Wort Opa füllte es ganz aus.

Doch als er es betrachtete, erschien ihm das Wort nicht passend. Opa? Opa Willi aus Prenzlau ist der Opa. Der Mann, der vor zwei Tagen vor der Schule auf ihn wartete, hatte sich in seinem Kopf als Opa Paul festgesetzt.

Markus zerriß die Tischkarte, nahm eine neue, malte die Buchstaben enger und kleiner. Opa Paul. Das sah gut aus, das stimmte. Und nun Oma? Das war dann auch nicht ausreichend. Also malte er das letzte Kärtchen genauso sorgfältig und mußte die Buchstaben noch enger setzen. Oma Renate. Das sah sehr gut aus. Das paßte zum anderen Kärtchen. So war es gerecht.

Als Markus mit seinen Karten ins Wohnzimmer kam, hatte sich der Tisch in eine festliche Tafel verwandelt. Größere und kleinere Gläser glänzten, Teller und Bestecke waren angeordnet, Servietten hübsch gefaltet, in der Mitte des Tisches stand ein Leuchter mit gelben Kerzen.

„Prima", staunte Markus, „wie du das bloß machst!"

„Ich hab eben Spaß daran", meinte Mutter, „nun stell mal deine Tischkarten auf."

Mutter anerkannte die sorgfältige Arbeit ihres Sohnes, die Beschriftungen Oma Renate und Opa Paul besah sie sich einen Moment länger, äußerte aber nichts dazu.

„So, nun sind wir ein Stück weiter", sagte sie. „Jetzt ab in die Küche und alles zubereitet, und dann kann man kommen."

Es war halb sechs.

„Papa müßte schon hiersein", sagte Markus.

„Ich glaube, er will Oma abholen", antwortete Mutter und besah sich Markus von oben bis unten.

„Zieh dir das dunkelbraune Hemd an", ordnete sie an.

Sonst protestierte Markus immer, oder er versuchte es wenigstens, heute fügte er sich ohne Widerspruch.

Für Markus gab es nichts mehr zu tun. Mutter hantierte in der Küche, und sie hatte es nicht gern, wenn ihr dabei jemand zuschaute.

Der Uhrzeiger kroch stetig weiter, er hatte die Sechs schon überrundet. Mutter bewegte sich zwischen Schlafzimmer und Bad. Sie machte sich schön. Auch das ging flink bei ihr. Markus, der es in seinem Zimmer nicht mehr aushielt, ging in das Schlafzimmer und hockte sich auf das elterliche Bett. Mutter Sabine probierte vor dem Spiegel ein Kleid. Es war dunkel und betonte die Figur, sie wirkte noch schlanker. Es sah aus, als wäre Mutters Taille mit zwei Händen zu umfassen. Vater könnte es bestimmt, er hat schmale, lange Hände.

Früher hatte Markus oft im Schlafraum der Eltern gehockt und Mutter bei ihren Verschönerungskünsten zugeschaut. In der letzten Zeit kam das seltener vor. Früher hatte er Mutter nicht besonders betrachtet, er war eben nur dabeigewesen. Heute fiel ihm auf, wie sie am Kleid zupfte, den Gürtel um- und wieder ablegte, einen anderen probierte.

„Wie trag ich die Haare?" fragte sie den Sohn. „Offen oder straff nach hinten gekämmt?"

„Ich weiß nicht", sagte Markus, „du siehst so und so ganz gut aus."

Mutter lachte.

„Ganz gut ist gut", meinte sie, „aber entscheiden muß ich mich. Ich werde sie straff tragen."

„Jetzt ist es schon bald halb sieben", sagte Markus.

„Wir sind ja auch fertig", sagte Mutter und holte zwei Paar Schuhe aus dem Schrank, besah sie sich, schlüpfte dann in das Paar mit den sehr hohen Absätzen.

„Vielleicht hat Oma länger im Krankenhaus zu tun. Du weißt, das kommt oft vor", sagte Mutter.

Als es wenige Minuten vor sieben an der Tür läutete, fuhren Mutter und Sohn zusammen, sahen sich an.

„Das ist er", sagte Markus.

„Ja, das muß er sein", stimmte Mutter zu, „Vater und Oma haben Schlüssel."

Und sie gingen auf die Wohnungstür zu, Mutter schaltete im Flur das Licht an, Markus drückte die Klinke runter.

Vor der Tür stand ein für Markus völlig verwandelter Paul Stojahn. Zugeknöpfter dunkler Anzug, schwarze Halbschuhe, weißes Hemd mit breitem Kragen und heruntergezogenen spitzen Ecken.

Vaters Hemden hatten kurze und kleine Kragenecken, der Mode entsprechend.

In der Hand hielt Paul Stojahn zwei Rosensträuße.

Er lächelte unsicher und sagte: „Guten Abend. Paul Stojahn."

„Kommen Sie bitte rein", sagte Mutter Sabine ziemlich laut.

Und der Junge sagte: „Hallo, Opa Paul."

Er hatte wohl zum ersten Mal Opa Paul gesagt, vielleicht weil er diese Worte vorhin auf die Tischkarte gemalt hatte. Es war seine Bezeichnung für den Mann, der sich jetzt sehr sorgfältig die Schuhe abtrat, obwohl draußen trockenes Wetter war.

Paul Stojahn überreichte Mutter einen Rosenstrauß.

„Danke", sagte sie, „wo gibt es diese herrlichen Rosen?"

„In dem Laden in meiner Straße, ist doch Rosenmonat", sagte Paul Stojahn.

„Geben Sie mir das Papier. Markus, wirf es in den Abfalleimer."

Markus tat wie angeordnet, ließ auch in der Küche die beiden nicht aus den Augen.

„Bin ich zu früh gekommen?" fragte Paul Stojahn.

„Nein, es ist fünf vor sieben", meinte Mutter.

Paul Stojahn hielt den zweiten Rosenstrauß unschlüssig in der Hand.

„Meine Schwiegermutter ist noch nicht hier", sagte Mutter. „Ich werde die Rosen ins Wasser stellen."

Sie nahm dem Mann die Rosen ab und brachte sie in die Küche, sagte zu Markus: „Führ Opa ins Wohnzimmer, ich komme gleich."

Lang und hager stand Opa Paul im Flur, immer noch kam es Markus vor, als habe er sich verkleidet. In seiner Lederjacke wirkte er locker und lässig, in dem Anzug wie eingepreßt.

„Komm, geradeaus ist unser Wohnzimmer", forderte Markus den Großvater auf.

Ihm war, als müßte Paul Stojahn den Kopf einziehen, als er ins Wohnzimmer trat.

Der Großvater sah sich um, blickte auf die festlich gedeckte Tafel, zählte bestimmt die Gedecke und bemerkte auch die Tischkarten.

„Oh", sagte er, „ist aber schön."

„Hier ist dein Platz", sagte Markus und wies auf den Stuhl, der für den Großvater bestimmt war.

Der trat an den Tisch heran, bückte sich, las die Tischkarte und sagte: „Opa Paul." Er schüttelte leicht den Kopf und lächelte. „Wie das klingt, Opa Paul."

„Das bist du doch", sagte der Junge, der glaubte, seine Bezeichnung werde nicht anerkannt.

„Aber klar, ich bin Opa Paul", beeilte sich der Mann zu beteuern. „Ich finde das prima. Ich bin bloß noch nie Opa Paul genannt worden, daran muß ich mich erst gewöhnen. Doch ich gewöhne mich sehr gern und sehr schnell daran. Ehrenwort."

„Ich sitze neben dir", sagte Markus.

„Und wie ich sehe, sitzt auf der anderen Seite Oma Renate", sagte Opa Paul.

„Ist eben ein runder Tisch", sagte Markus.

„Runde Tische sind gut", meinte Opa Paul, „da gibt's kein Präsidium."

„Du kannst dir ruhig das Jackett ausziehen", sagte Markus. „Es ist schön warm heute. Den ganzen Nachmittag scheint die Sonne ins Zimmer."

„Ich weiß nicht, vorläufig behalte ich's noch an", meinte Opa Paul, trat auf den Balkon und schaute auf den grünen Platz hinter den Häusern.

„Und das in der Großstadt", sagte er. „Eine Oase."

„Du hast bestimmt schon richtige Oasen gesehen", meinte Markus.

„Ja. Ringsum Sand, Sand und nochmals Sand. Und dann unerwartet ein grüner Fleck, Palmen und anderes Gesträuch. Komisch, sag ich dir."

Die Uhr schlug siebenmal.

Der Junge lauschte den hellen Schlägen. Wo bleiben Oma und Papa?

An der Balkontür stand Mama in der milden Abendsonne. Paul Stojahn blickte die Frau an.

„Ich habe eine schöne Schwiegertochter", sagte er feierlich, „und du, Markus, hast eine schöne Mama."

Mutter lachte ohne Verlegenheit. „Wenn Sie's sagen, Schwiegervater, will ich es auch glauben."

Markus war das peinlich, ein komisches Gespräch.

Aber es paßte zu Opa Paul.

„Wir können ja noch auf dem Balkon bleiben", schlug Mutter Sabine vor.

Markus wies auf einen Stuhl und sagte zum Großvater: „Kannst dich setzen. Ist Papas Platz, er sitzt hier gern."

„Dann sitze ich hier auch gern", sagte Opa Paul und ließ sich nieder und forderte: „Ihr müßt euch auch setzen."

Mutter nahm auf ihrem Stuhl Platz, und Markus setzte sich auf den kleinen Klapphocker an der Balkontür. Er war sprungbereit, wartete sehnsüchtig auf das Schließen der Tür. Sie müßten doch jeden Augenblick kommen, Vater und Oma Renate.

Unpünktliche Leute mochte Papa nicht, Oma Renate waren sie geradezu verhaßt. – Wer nicht pünktlich sein kann, der ist nicht nur ein unhöflicher Stoffel, sondern er ist im höchsten Grade unzuverlässig. Was für eine verächtliche Haltung den Leuten gegenüber, mit denen man verabredet ist. Das zeigt sich in der Unpünktlichkeit – hatte Markus einmal von ihr gehört, als ein Bekannter eine Verabredung nicht einhielt.

„Schön habt ihr's", bemerkte Paul Stojahn.

„Für mich ist es etwas weit bis in die Innenstadt", sagte Mutter. „Straßenbahn und dann umsteigen in die S-Bahn. Übrigens, möchten Sie ein Bier?"

„Danke, ich warte noch", sagte Opa Paul.

Das Gespräch ging stockend zwischen Mutter und Opa Paul hin und her. Markus hörte nur mit halbem Ohr zu.

Dann schlug die Uhr im Zimmer halb acht. Die Sonne streifte den Balkon von der Seite, Opa Paul saß in ihrem Licht. Die

Bräune in seinem Gesicht war noch deutlicher zu erkennen.

Da sagte Mutter Sabine: „Wir werden jetzt essen, wer zu spät kommt, kann sich nicht beschweren."

„Vielleicht kommt man überhaupt nicht", sagte Opa Paul ruhig.

Mutter sah ihn an und sagte hart: „Ja, das kann sein. Man will nicht kommen."

Markus erschrak. Wenn doch jetzt was zu hören wäre: Schließen, Stimmen, Schritte.

Mutter hatte ausgesprochen, was ihm im stillen schon durch den Kopf gegangen war. Sie wollen nicht kommen. Das ist keine Unpünktlichkeit von Papa und Oma Renate. Sie wollen nicht ...

„Man gibt sich Mühe. Aber da hilft keine Vernunft, ach ..." Mutter wandte sich ab, ihre Stimme klang spröde.

Paul Stojahn erhob sich und sagte tröstend: „Wir sollten das nicht tragisch nehmen, Mädchen. Vielleicht ist alles ein bißchen zu plötzlich gewesen, so aus heiterem Himmel ist der Vergessene aufgetaucht. Macht man eigentlich nicht. Nun ja."

Mutter sagte: „Mag alles sein. Aber auf diese Art, einfach wegzubleiben, das ist nicht anständig."

„Mußt nicht so hart urteilen. Ich freue mich, daß ihr da seid und mich so freundlich empfangen habt. Und Markus bringt die Rosen der Oma. Und einen schönen Gruß von mir", sagte Paul Stojahn.

Markus stand auf.

„Die Blumen bringe ich nicht zu Oma. Nein", sagte er.

Mutter blickte ihn an, sagte aber nichts.

„Schön, so ein Balkon", meinte Opa Paul.

„Also, dann zu Tisch", sagte Mutter mit ihrer gewohnten Stimme.

Opa Paul saß zwischen seinem Enkel und seiner Schwiegertochter Sabine. Er ließ es sich schmecken, lobte alles, was auf dem Tisch stand oder kam, denn die Hausfrau holte noch Toastbrote mit Käse überbacken aus der Bratröhre, belegt mit Obst, Schinken und Wurst. Besonders angetan hatten es ihm die verschiedenen Salate.

„Du hast ein Gefühl für die richtige Würze, Schwiegertochter", bemerkte er, „ausgezeichnet deine Salate, so was Schmackhaftes habe ich schon viele Jahre nicht mehr gegessen."

Mutter tat ihm erneut Reissalat auf, meinte, das wäre nichts Außergewöhnliches. An den Wochenenden, wenn sie Zeit habe, zaubere sie gern etwas Besonderes auf den Tisch.

Opa Paul entgegnete, daß er mit dem heutigen Abendessen schon sehe, was für eine Perle der Kochkunst sie sei.

Der Junge hockte zusammengesunken neben dem Großvater und aß kaum etwas. Dabei hatte er sich auf das Abendessen gefreut, auf Mamas leckere Sachen. Vor sich sah er die beiden leeren Stühle, die unberührten Teller, die ungefüllten Gläser, die sauberen Servietten.

Mutter, vollauf beschäftigt mit dem Bedienen ihres Schwiegervaters und eifrigem Geplauder über Kochkunst und Kochmöglichkeiten, kümmerte sich nicht um Markus. Er saß ja auch halb verborgen neben dem großen Mann.

Wie eine Erlösung war es für den Jungen, als Opa Paul sagte: „Also, es hat wunderbar geschmeckt. Und ich bin satt wie tausend Mann. Besten Dank, Schwiegertochter."

„Einen Schnaps?" fragte Mutter.

„Den schlag ich nicht aus."

„Markus, hole bitte den Korn. Liegt im Tiefkühlfach", sagte Mutter.

Die Flasche aus Nordhausen beschlug in der Wärme. Markus' Finger tauten die Eiskruste, deutlich konnte er für einen Augenblick die zahllosen Rillen und Verästelungen seiner Fingerabdrücke auf dem beschlagenen Glas erkennen.

„Korn aus Nordhausen", sagte Opa Paul versonnen, als er die Flasche sah.

„Sie wohnen manchmal dort?" fragte Mutter.

„Wohnen? Wenn ich die Zeit zusammenrechne, die ich in meiner Wohnung in Nordhausen war, kommen nicht viel Jahre heraus. Es ist eine Art Stützpunkt", sagte Paul Stojahn.

Mutter füllte zwei Gläser. Klar und sauber wirkte der Korn in den geschliffenen Gläsern.

Opa Paul hob das Glas, Mutter das ihre.

„Ich habe einen Wunsch", sagte Paul Stojahn. „Wir sollten das Sie lassen. Hier neben mir sitzt Markus. Ich weiß, ich habe keine besonderen Rechte, aber mein Enkel ist er doch und dein Sohn. Wie heißt du, Schwiegertochter?"

„Sabine, auf dein Wohl und auf dein Wohl, Markus."

„Ich werde dich Opa Paul nennen", sagte Mutter.

„Bin einverstanden. Bin mit allem einverstanden", sagte Paul Stojahn heiter.

„Das ist wohl geflunkert", widersprach sofort Sabine.

„Hast recht, Mädchen."

Sie tranken den Korn.

Und Opa Paul seufzte und sagte: „Ah, das ist was, ja."

Markus konnte sich nicht vorstellen, was das Besondere an diesem scharfen, beißenden Zeug sein sollte. Einmal hatte er daran genippt während einer Geburtstagsfeier, ein schlimmer Hustenanfall war die Folge.

Mutter zeigte zwar kein Wohlgefallen, verzog auch keine Miene. Sie schwor auf die Verdauungswirkung des Schnapses nach einem guten Essen.

„Darf man sich eine anstecken?" fragte Opa Paul.

„Selbstverständlich", sagte Mutter und holte aus der Anrichte einen Aschenbecher. Eigentlich wurde bei Stojahns nicht geraucht.

Opa Paul beförderte aus seiner Jackettasche eine zerdrückte Zigarettenpackung.

„Du guckst so erstaunt?" fragte er den Jungen. „Bei euch raucht wohl keiner?"

„Nein", sagte Markus, „bei uns wird nicht geraucht. Ist ungesund und teuer."

Opa Paul wollte die Zigaretten wieder wegstecken.

Mutter sagte: „Ich rauch mit, Opa Paul. Manchmal schmeckt mir eine nach dem Essen."

Paul Stojahn schnippte ihr eine Zigarette aus der Packung.

„Wenn's so ist", sagte er. „Ich will nur keinen Ärger machen."

„Ärger? Du bist hier Gast", sagte Mutter.

Markus fand seine Mutter verändert. Warum, ahnte er. Er hatte bemerkt, wie sie hin und wieder zu den leeren Stühlen blickte. So leicht wird sie nicht vergessen, was man ihr heute angetan hatte.

Opa Paul holte ein riesiges Feuerzeug aus der Tasche, die Flamme schoß hoch.

„Ist das ein Monstrum", sagte Sabine Stojahn.

„Eigenbau", erklärte Opa Paul, „garantiert sicher. Funktioniert unter allen Bedingungen. Hat sich tausendmal bewährt. Meinem Feuerzeug kann auch der ärgste Schneesturm nichts anhaben."

Mutter Sabine wog das Monstrum in der Hand.

„Das zieht dir die Tasche bis zur Erde", sagte sie.

„Ich hab feste Taschen."

„Darf ich's mal nehmen?" fragte Markus. Er wollte die traurigen Gedanken verjagen. – Das Feuerzeug wog schwer, das Messing glänzte, aus dem es gefertigt war. Schwungvoll war der Name Paul Stojahn eingraviert und dazu Ornamente rechts und links.

„Darf ich mal?" fragte der Junge und versuchte am Feuersteinrädchen zu drehen.

„Na, ob du das schaffst?" meinte der Großvater.

Markus probierte, das Rädchen sprühte Funken, aber die Flamme kam nicht.

„Na, noch mal, ein bißchen schneller und kräftiger", sagte Opa Paul.

Und es gelang Markus, eine Riesenflamme leckte hoch. Es roch leicht nach Benzin.

„Prima", sagte Opa Paul, „aber das Rauchen mußt du dir nicht unbedingt angewöhnen. Ist ein schlimmes Laster. Hast du schon probiert?"

„Ja", gestand Markus, „das kratzt ganz schlimm im Hals."

Sven hatte einmal probiert und Markus dazu gebracht, einen Zug zu nehmen. Mehr war daraus nicht geworden, Markus hatte den Glimmstengel in hohem Bogen weggeworfen. Sven hatte nichts dagegen einzuwenden gehabt, nur zeigte er seinen Widerwillen nicht so deutlich wie Markus.

Mutter sagte: „Laß bloß den Unsinn. Denk an deine Gesundheit."

Markus erstickte die Flamme mit der Messingkappe, der Benzingeruch verflog.

Opa Paul nahm sein leeres Glas hoch. „Wie wär's, Sabine, nehmen wir noch einen kleinen Schluck zum Abschied?"

Mutter griff nach der Flasche.

„Den Schluck nehmen wir. Aber warum zum Abschied?"

„Ich denke, ihr seid nicht so recht in der Verfassung, um einen längeren Besuch zu ertragen", meinte Opa Paul.

„Du irrst dich", sagte Mutter, „unsere Verfassung ist so, daß wir den Besuch besonders angenehm empfinden."

Markus hörte seine bleiche Mutter sprechen und dachte, daß Opa Paul schon recht habe mit seiner Annahme.

Doch Mutter sagte sich jetzt, nun gerade nicht. Und wenn sie zornig ist, spricht sie oft ein bißchen unnatürlich, sehr langsam und deutlich. Ihre Worte schneiden wie Messer.

„Wie ihr meint", sagte Opa Paul, „ich habe Zeit, im Augenblick habe ich viel Zeit."

Mutter schlug vor, wieder auf den Balkon zu gehen, das Essen auf dem Tisch könne stehenbleiben, das störe niemand, und wer Hunger habe, bediene sich einfach.

Auf dem Balkon zog Markus den kleinen Tisch aus, Mutter legte eine bunte Decke auf, und schon sah der Tisch gastlich aus. Die untergehende Sonne spiegelte sich in der Fensterfront der ge-

genüberliegenden Häuser. An den Bänken hielten sich immer noch die jungen Leute auf, und am Straßenrand parkten noch immer Mopeds und Motorräder.

Sie saßen wie vor dem Abendessen, Opa Paul auf Vaters Platz, Mutter auf ihrem und Markus auf dem Klapphocker neben der Balkontür. Den Stuhl, den Oma Renate benutzte, wenn sie hier war, hatte er beiseite geschoben.

„Warum hockst du da unten, Markus?“ fragte Mutter.

„Ich sitze gern hier“, sagte der Junge.

Aber er saß dort, weil er den Flur im Blick hatte und hören konnte, was an der Wohnungstür passierte.

Noch immer hatte er die Hoffnung nicht aufgegeben, daß alles gut werden könnte.

Es kann so manches passieren, das Leute daran hindert, zur rechten Zeit zu kommen, zum Beispiel ein Unfall oder eine Panne. Viel kann sich ereignen, was nicht vorauszusehen ist.

Und Markus malte sich aus, wie es wäre, ginge sein Wunsch in Erfüllung:

– Schließen der Tür, Vater betritt den Flur, das Haar wirr, Schmutzstreifen im Gesicht, die Hände verschmiert.

– So ein Mist. Ausgerechnet heute muß der Keilriemen reißen, sagt er. – Mama und Opa Paul kommen eilig in den Flur.

– Und alles in Ordnung? fragt Opa Paul.

– Noch nicht ganz. –

– Machen wir, sagt Opa Paul.

– Mutter widerspricht.

– Erst mußt du einen Happen essen, Georg.

Und Oma wird warten. Ich rufe gleich im Krankenhaus an. Sie soll ein Taxi nehmen.

– Opa Paul zieht schon sein Jackett aus und sagt zum Vater: Du kannst essen. Ich geh schon mal ran.

– Opa Paul krempelt sich die Ärmel seines weißen Hemdes hoch.

– Papa geht ins Bad, und Mama telefoniert mit Oma Renate.

– Papa sitzt am Tisch und ißt mit gutem Appetit.

Opa Paul kommt wieder in die Wohnung und sagt: Das hätten wir. Alles in Ordnung.

– Oma Renate hat sofort ein Taxi bekommen, begrüßt Opa Paul und ist froh, daß ihrem Sohn nichts passiert ist.

– Mama sagt: Setzen wir uns noch mal alle an den Tisch.

– Und Markus holt die Flasche Korn aus dem Kühlschrank, die in der Wärme wieder beschlägt. Alle Gläser sind gefüllt mit dem klaren Korn. Kein Stuhl am runden Tisch ist frei. Opa Paul hebt sein Glas und sagt: Also dann Prost!

Markus fuhr hoch.

Opa Paul hatte wirklich Prost gesagt, und er und Mutter kippten den Korn hinunter.

Die Dämmerung breitete sich aus, die Sonne färbte den Stadthimmel rötlich. Der Junge spähte ins dämmerige Zimmer, im Flur war kaum noch etwas zu erkennen, an der Wohnungstür rührte sich nichts. Mutter lachte aus einem Anlaß, Markus wußte nicht, warum, er war weit weg in seinem Wunschtraum gewesen.

Opa Paul erzählte komische Erlebnisse von einem Basar in Algerien, wo er glaubte, ein Andenken ganz besonders billig gekauft zu haben, und sich dann herausstellte, daß er das Doppelte des gewöhnlichen Preises bezahlt hatte.

„Handeln muß man können“, sagte er, „das ist eine hohe Kunst, wie man den Käufer übers Ohr haut. Ich drücke mich falsch aus. So was würde dort keiner sagen. Die Kunst ist, so teuer wie möglich die Ware an den Mann zu bringen, dabei ist alles erlaubt. Und wer das gut kann, wird bewundert, man spendet ihm Beifall.“

Mutter bestätigte das lachend, gab Erlebnisse ähnlicher Art zum besten, die sie auf der Bulgarienreise gehabt hatte, auf einem Basar am Schwarzen Meer. Markus erinnerte sich an jenen Sommer vor zwei Jahren, an die drei Wochen, die er mit Oma Renate in Wandlitz im Garten verbracht hatte. Er erinnerte sich an Radtouren zum Liepnitzsee, an herrliche Tage, an denen er stundenlang mit Oma Karten spielte, an Busausflüge, an süßes Fruchteis, an sehr viele Eiskugeln in allen Farben.

In diese Erinnerung hinein sagte Opa Paul: „Nun wird es Zeit. Es war ein schöner Abend für mich, und dafür danke ich euch.“

„Du könntest uns deine Adresse geben“, sagte Mutter. „Wo wohnst du denn überhaupt?“

Opa Paul holte einen Notizblock aus der Tasche und riß ein Blatt heraus. Auf solch einem Zettel hatte er auch seine erste Nachricht an die Familie Stojahn geschrieben.

„In der Fehrbelliner Straße habe ich meine Wohnung“, sagte Opa Paul. „Fehrbelliner neunundvierzig, Hinterhaus.“

Er schrieb seine Adresse in Druckbuchstaben.

„Das können wir lesen“, sagte Mutter, „aber wie kommst du in die Fehrbelliner?“

„Damals bin ich gleich rausgegangen aus der Wohnung in Weißensee, und man hat mir die in der Fehrbelliner zugewiesen.“

Damals, dachte der Junge, das ist lange her, und wieder mußte er an Oma Renate denken.

„Ist doch eine ziemlich finstere Gegend?“ fragte Mutter.

„Finde ich überhaupt nicht. Klar, die Häuser könnten neuen Putz vertragen, und manche Ausbesserungen innen. Man ist dabei. Ich wohne gern in der Fehrbelliner. Machst ein paar Schritte und bist im Zentrum, am Alex. Fährst eine Station mit der U-Bahn und bist in der Schönhauser“, erklärte Opa Paul.

Und er erhob sich, schaute noch einmal auf den jetzt dunklen Platz und auf den hellen Himmel über den Dächern, so, als wolle er Abschied nehmen von der Wohnung hier in Weißensee und sich noch einmal alles genau einprägen.

Markus schob seinen Hocker zusammen.

Opa Paul strich ihm leicht über den Kopf. „Du hast bald Ferien. Wird Zeit, was?“ fragte er.

„Ja“, sagte der Junge und spürte auf einmal, daß er keine rechte Freude empfinden konnte, dachte er an die Ferienzeit.

Sie wollten alle an die See fahren, die Stojahns. Oma Renate hat vom Krankenhaus auf der Insel Usedom, am Achterwasser, einen Bungalow für zwei Wochen bekommen. In der letzten Zeit hatten sie sich oft ausgemalt, was man alles tun und treiben würde in diesen zwei Ferienwochen.

Und noch so manches muß gekauft werden für diese Zeit. Für den Jungen steht ein neues Fahrrad aus. Vater borgt sich einen Hänger, und die Fahrräder werden mitgenommen.

Ja, so ist alles geplant. Aber wie wird es nun werden?

Im Flur sagte Mutter: „Dann komm gut in die Fehrbelliner."

„Danke", sagte Opa Paul, „ist schön, daß ich dich kennengelernt habe."

Markus gab Opa Paul die Hand, und er hielt sie lange fest.

„Meine Adresse habt ihr", sagte er. „Ich werde wohl noch eine Weile in der Stadt sein."

„Ja, die Adresse haben wir", sagte Mutter.

„Und die Rosen für Oma Renate, vielleicht bringt Markus sie doch hin ...", sagte Opa Paul.

„Sie stehen im Wasser, die halten sich", meinte Mutter.

Sie hörten Opa Pauls Schritte auf der Treppe, lauschten, ob die Haustür noch nicht verschlossen war um diese Zeit.

Doch von unten kam kein Ruf, die Tür schlug zu.

Mutter und Sohn guckten aus dem Küchenfenster, sahen auf der Straße den Mann, der an diesem Abend ihr Gast gewesen war, diesen Paul Stojahn, von ihnen Opa Paul genannt.

Auf der Straße war es noch hell, das Abendrot spendete ein wenig Licht, und die Straßenlaternen brannten.

Paul Stojahn lief langsam, er hatte Zeit, und der Abend war warm. In seinem dunklen Anzug wirkte er noch größer und dünner.

Die beiden am Küchenfenster schauten ihm nach, bis sie ihn nicht mehr erkennen konnten.

„Da geht er nun in seine Fehrbelliner", sagte Mutter.

Der Junge folgte ihr ins Wohnzimmer, wo sie das Deckenlicht einschaltete. Der Tisch wurde grell ausgeleuchtet, deutlich waren die unbenutzten Gläser, Teller und Bestecke zu erkennen.

Mutter nahm das saubere Geschirr vom Tisch und stellte es in der Anrichte ab.

Markus sagte: „Ich helfe dir beim Abräumen und Abwaschen, Mama."

„Das mußt du nicht, Markus", sagte Mutter, „es ist schon spät. Geh ins Bett."

„Ich kann noch nicht schlafen", sagte der Junge.

Mutter umfaßte ihn und zog ihn an sich. „Du wirst schon schlafen", sagte sie.

„Opa Paul ist doch kein schlechter Mensch", sagte Markus.

„Nein, das ist er nicht. Im Gegenteil", sagte Mutter.

„Warum wollen sie von ihm nichts wissen, Oma und Papa?"

„Weil sie recht behalten wollen", sagte Mutter.

„Warum wollen sie recht behalten?"

„Er war für sie kein guter Mensch. Und das soll er auch bleiben."

„Das verstehe ich nicht", sagte der Junge.

„Ist auch schwer zu verstehen. Aber ich mach dabei nicht mit. Jetzt schon gar nicht mehr", sagte Mutter, stellte einen Stoß Teller zusammen und brachte ihn in die Küche.

Markus sah sich in dem ihm vertrauten Wohnzimmer um. Nicht nur das schonungslose Licht der voll eingeschalteten Deckenleuchte ließ das Zimmer verändert erscheinen, es waren die beiden leer gebliebenen Stühle.

Mutter kam wieder ins Zimmer und sagte: „Geh ins Bett, Markus. Du hast schon ganz kleine Augen."

Im Bad wusch sich Markus langsam, putzte sich ungewöhnlich sorgfältig die Zähne. Am Haken hing Vaters Bademantel, ausgeblichen vom vielen Waschen, der Gürtel ausgefranst, Mutter ein ständiges Ärgernis. Ihr Bademantel war leicht, hell und flauschig, auch Markus' kleiner Mantel hatte frische, leuchtende Farben.

Wie oft hatte Mutter schon versucht, Vaters alten Bademantel in die Lumpen zu geben. Aber Vater ließ es nicht zu, er fühlte sich wohl in dem vertrauten bequemen Ding. Der Bademantel erfüllt noch lange seinen Zweck, noch sehr lange, war Vaters Meinung. Auf der Konsole liegt Vaters Rasierapparat, der Pinsel, ähnlich wie der Bademantel abgenutzt. Aber natürlich pinselt der noch hervorragend, verteilt den Schaum gleichmäßig im Gesicht, sagte Vater.

Früher hatte Markus gern Vater bei der Rasur zugesehen. Immer wieder hatte es ihm Spaß gemacht zu beobachten, wie aus dem weißen Schaumgesicht sich allmählich das vertraute des Vaters herausschälte.

Mutter hantierte in der Küche, Geschirr klapperte, die Tür des Kühlschranks schnappte hin und wieder saugend zu.

In der Badewanne leuchteten in einer Vase Opa Pauls Rosen, bestimmt für Oma Renate.

Markus setzte sich auf den Wannenrand. Die Wärme im Bad fand er angenehm, ebenso die Gerüche nach guter Seife und frischer Wäsche auf der Leine, nach Haarwasser und Spray.

Mutter rief, er sollte nicht so trödeln, es werde immer später, und er habe noch keine Ferien.

Er sagte Mutter gute Nacht, gab ihr einen Kuß. Er spürte, sie war mit ihren Gedanken woanders, und er wußte auch, woran sie dachte.

„Schlaf gut“, sagte Mutter, „ich räume noch auf.“

„Wann kommt Papa?“ fragte der Junge.

„Ich weiß es nicht“, antwortete Mutter.

„Vielleicht ist er bei Oma.“

„Ja. Vielleicht.“

„Und wenn du dort anrufst?“

„Warum soll ich anrufen? Bin ich weggeblieben ohne Ankündigung und Nachricht? Oder bist du weggeblieben?“ sagte Mutter.

„Vielleicht ist was passiert“, sagte der Junge.

„Wenn was passiert ist, ruft man ganz bestimmt an.“

„Wenn beiden was passiert ist? Und keiner kann anrufen?“

„Markus, Junge, dann rufen andere an. Oder es kommt jemand her und bringt die Nachricht. Du brauchst dir keine Gedanken zu machen, wirklich nicht“, sagte Mutter und strich ihrem Jungen über den Kopf.

Markus ging in sein Zimmer, und als er das Licht eingeschaltet hatte, fiel sein Blick sofort auf den Globus und das auf der weiten Fläche Sibiriens stehende Baggermodell.

Er hatte Opa Paul nicht sein Zimmer gezeigt, hatte die Überraschung nicht erlebt.

Markus löschte das Licht und legte sich hin.

Allmählich gewöhnten sich seine Augen an die Dunkelheit, und bald erkannte er den Globus und den metallisch glänzenden Bagger.

Mit einem Schlag spürte er die große Müdigkeit, die ihn in den Schlaf ziehen wollte; sein Körper, besonders die Arme und Beine, wurde schwer wie Blei.

Doch sein Kopf kam nicht zur Ruhe, es war wie nach einem aufregenden Geburtstag oder vor einer Reise. Er dämmerte ein und schreckte immer wieder auf.

Auf einmal war er hellwach, die Tür zu seinem Zimmer war aufgegangen, die Gardine am Fenster blähte sich im Zugwind. Im Flur hörte er Geräusche und wußte, Vater war gekommen. Im Halbschlaf stand Markus auf, wollte in den Flur, den Vater begrüßen.

An der Tür aber blieb er stehen, Vaters Schritte tappten vorbei, zum Wohnzimmer hin.

„Guten Abend“, hörte er den Vater sagen.

Doch aus dem Wohnzimmer kam keine Antwort, nur ein Stuhl wurde gerückt.

„Ist er fort?“ fragte Vater.

„Wer?“ hörte der Junge die Mutter sagen.

„Nun, mein Vater.“

„In deinem Bett liegt er nicht“, erwiderte Mutter.

„Was ist denn das für ein Ton?“ sagte Vater.

„Auf deine Frage dieser Ton", sagte Mutter.

Eine Weile herrschte Stille, Vater stand wohl immer noch in der Tür zum Wohnzimmer.

Dann hörte der Junge Schritte, die Badezimmertür wurde geöffnet, er erkannte das am leichten Quietschen. Vater war ins Bad gegangen.

Markus war nahe dran, ihn zu begrüßen, und der Streit zwischen den Eltern würde nicht weitergehen. Doch jetzt hörte er Mutters leichte Schritte im Flur, sie lief in die Küche. Vater kam aus dem Bad und blieb an der Küchentür stehen, die dem Zimmer des Jungen gegenüberlag. Eine Armlänge trennte Markus von dem Vater.

„Sabine, wir wollten kommen. Mutter war angezogen, wir waren schon auf dem Wege", sagte Vater.

„Ihr wart schon auf dem Wege, sieh an? Habt vielleicht schon im Auto gesessen? Und warum seid ihr nicht gekommen?" fragte Mutter.

„Ich will dir's ja erklären. Mutter konnte einfach nicht. Noch nie habe ich sie so erlebt. Sie war fix und fertig, sie zitterte am ganzen Leibe", sagte Vater.

„Nun mach mal Pause, Georg", unterbrach ihn Mutter, „das ist nicht deine Art, so zu übertreiben. Aber wenn es um deine Mutter geht, schwindelst du sogar das Blaue vom Himmel herunter. Renate und am ganzen Leibe zittern. Höchstens du hast vor ihr gezittert, so wird es wohl gewesen sein."

„Sabine, was soll unser Streit, werde nicht primitiv", rief Vater.

„Das frage ich mich auch, was das soll, was wir hier aufführen. Den Jungen und mich habt ihr sitzenlassen, nachdem ihr versprochen hattet, dabeizusein. Aber ihr habt den Abend nicht verhindert, verdorben habt ihr ihn. Und wir haben uns verhalten, wie es sich gehört, wenn man einen Gast eingeladen hat", sagte Mutter.

„Es war voreilig, was du organisiert hast. Du konntest nicht schnell genug den Herrn Paul Stojahn hierherholen", sagte Vater erregt.

Aus der Küche kam keine Antwort.

„Ich kann ja auf der Couch im Wohnzimmer schlafen", sagte Vater.

„Darüber habe ich noch nicht nachgedacht. Aber wenn du es in Erwägung ziehst, wirst du schon deine Gründe haben", sagte Mutter mit ihrer langsamsten und deutlichsten Stimme.

Vater riß wohl heftig die Tür zum Schlafzimmer auf, denn ein Windzug fuhr durch die Wohnung, stieß dem Jungen die Tür, hinter der er stand, vor die Brust. Erschrocken hielt er sie auf, drückte sie fest zu. Durch den Luftzug war der Globus in Bewegung geraten, er begann sich zu drehen, und das Baggermodell stürzte auf den Tisch.

Markus hob den kleinen Bagger auf, hielt ihn dicht vor die Augen, denn es war nur schwaches Licht.

War Opa Pauls Geschenk kaputtgegangen? Doch am Modell war nichts verbogen, nichts zerschrammt, der Greifer klappte auf und zu, der Schwenkarm drehte, hob und senkte sich.

Gutes, festes Material hatte Opa Paul für den Bau des kleinen Baggers verwendet.

Aber von der grünen Fläche Sibiriens war er abgestürzt.

An diesem Abend stellte Markus den Bagger nicht mehr auf den Globus. Das hatte er sich nur für Opa Paul ausgedacht.

Und der wird ja nie mehr hierherkommen.

3.

Die Rosen hatten sich lange gehalten, nun waren sie verwelkt, die Rosen, die von Paul Stojahn für Renate Stojahn gedacht waren. Mutter Sabine hatte alles versucht, den schönen Strauß so lange es ging zu erhalten, sie schnitt täglich die Stiele an, achtete mehr auf diesen Strauß als auf ihren eigenen. Sie stellte die Rosen in der schönsten Vase ins Wohnzimmer auf den niedrigen Clubtisch, dort hatten sie Luft von der offenen Tür zum Balkon und waren nicht der Sonne ausgesetzt. Denn das Wetter im Juni schien den Sommer vorwegnehmen zu wollen. Der Himmel wölbte sich wolkenlos über der Stadt, und die Temperaturen kletterten auf hochsommerliche Werte. Schon zweimal hatte es nach der vierten Stunde in der Schule hitzefrei gegeben.

Rosen und Sommerwetter paßten zusammen, aber nicht die Stimmung der Familie Stojahn in Weißensee, die war düster und frostig. Und das seit dem Abend, an dem Vater und Oma Renate ihr Versprechen nicht eingehalten hatten.

Das Frühstück, sonst sorgsam gehütete Möglichkeit, den Tag gemeinsam einzustimmen, verlief nun schweigend.

Nur das Notwendigste wurde gesprochen, und guten Morgen sagte man schon gar nicht mehr.

So war es auch zum Tagesausklang. Es häuften sich die Abende, an denen Mutter und Markus allein auf dem Balkon saßen und Vater erst sehr spät nach Hause kam.

Waren die Stojahns an einem Abend zusammen, fielen die Worte wie Tropfen aus einem defekten Wasserhahn, langsam, mit größeren Unterbrechungen.

Und Oma Renate kam nicht zu Besuch.

Einmal sagte Markus zu seiner Mutter, als sie allein waren: „Warum zankt ihr euch denn bloß?"

„Wir zanken uns doch nicht", sagte Mutter. „Nein, das machen wir wirklich nicht. Wir haben uns im Augenblick nicht viel zu sagen."

„Das ist noch schlimmer als Zanken", sagte der Junge.

„Was soll ich machen, Markus", sagte Mutter. „Es hat sich eben was verändert bei uns."

Der Junge schwieg, er wußte ja, es hatte sich viel geändert bei ihnen. Und Opa Paul ist schuld. Wäre er nicht aufgetaucht, könnte alles so sein, wie es immer war bei den Stojahns in Weißensee. Doch Markus erschrak über diesen Gedanken.

Opa Paul ist eben aufgetaucht, und er, Markus, kann ihn nicht vergessen. Und dieser Opa Paul war ja immer da, oft weit entfernt, manchmal sehr nahe.

Nur er, Markus, hatte nichts gewußt von Opa Paul.

Und wer war daran schuld?

Einmal sagte Markus zum Vater: „Wollten wir nicht für mich ein Fahrrad kaufen?“

„Ach ja“, erwiderte Vater, „das wollten wir eigentlich.“

„Es ist nicht mehr viel Zeit, Papa“, sagte der Junge.

Vater sah seinen Sohn nachdenklich an. „Du bekommst dein Fahrrad, natürlich“, sagte er.

Und da schwieg der Junge. Daß nicht mehr viel Zeit war bis zu den Ferien und dem Urlaub, wußte er, wenn er auf den Kalender blickte. Vater hatte auch noch nicht die Autosessel mit dem Samtstoff bezogen. Markus ertappte sich, daß er jedesmal nach Schulschluß auf dem Treppenabsatz am Fenster stehenblieb, auf den Vorplatz sah, hinüberspähte zu den Bäumen und der Straße, ob dort ein bunter Lada steht oder eine lange Gestalt sich an einen der Bäume lehnt.

Doch die Tage vergingen, und das bunte Auto zeigte sich nicht und auch nicht der Mann, den er so sehr erwartete: Opa Paul. Eines Mittags aber entdeckte Markus von seinem Schulfenster aus jemanden, auf den er nicht vorbereitet war, den er hier nicht vermutet hatte, Oma Renate. Sie wartete nicht am Rande des Vorplatzes, verbarg sich nicht unter den schattigen Bäumen, sie stand mitten auf dem Platz in der grellen Sonne, in ihrem hellen Kostüm weithin zu sehen.

Vielleicht wollte sie auch gesehen werden von dem Enkel Markus, er sollte nicht vorbeihuschen können, sie wartete ja auf ihn.

Markus blieb am Fenster stehen. Seine erste Empfindung, einfach die Treppe hinunterzuspringen, aus der Schultür zu flitzen und auf Oma Renate zuzurennen, wie er es gewohnt war, war verflogen. Das ging nicht mehr. Die Rosen zu Hause, für sie bestimmt, waren verwelkt und im Müllcontainer gelandet.

Er hat sie nicht zu ihr hingebracht, wie es Opa Paul gewünscht hatte. Ein paarmal war er fast soweit gewesen, doch dann hielt ihn die Erinnerung an jenen schlimmen Abend zurück. Wäre sie gekommen, hätte er ihr vielleicht die Rosen gegeben. Aber nun war sie ja gekommen, wartete in der glühenden Sonne auf den Enkel, hatte es nicht mehr ausgehalten.

Doch in die Wohnung der jungen Stojahns ist sie nicht gegangen, dort wußte sie die Schwiegertochter Sabine. Zu der will sie nicht. Die hatte den Paul Stojahn gut empfangen, ihm ein festliches Abendessen bereitet, den für sie bis dahin unbekannten Mann wie einen guten, alten Bekannten behandelt, obwohl sie wußte, daß der seine Familie seinen Neigungen geopfert hatte. Nein, das geht nicht. Von der Schwiegertochter Sabine muß das Zeichen zum Einlenken kommen. Lieber steht Renate Stojahn in der prallen Sonne auf dem Vorplatz der Schule und will den Enkel abfangen.

Markus verließ das Schulgebäude auf einem verbotenen Weg. Er schlich durch den Heizungskeller zur Hintertür, die auf den Wirtschaftshof führte, mußte fürchten, vom Hausmeister entdeckt zu werden. Für diesen Weg aus dem Schulgebäude hatte schon mancher einen Tadel einstecken müssen. Aber Markus hatte Glück, erreichte den Wirtschaftshof und fand auch die Pforte unverschlossen, die in eine Nebenstraße mündete, brauchte nicht einmal über den Zaun zu klettern. Er lief die Straße bis zur Ecke, von der aus er den Vorplatz der Schule einsehen konnte.

Noch immer stand Oma Renate wie ein Denkmal in der Mitte des Platzes, und jeder, der aus dem Schulgebäude kam, mußte an ihr vorbei.

Sie kannte einige Jungen aus seiner Klasse, vielleicht sprach sie einen an, fragte nach Markus, vielleicht Sven, den sie am besten kannte. Aber der konnte ihr keine Antwort geben, er hatte heute als einer der ersten das Klassenzimmer verlassen, mußte ins Direktorenzimmer, gegen ihn lag eine Beschwerde von der Musiklehrerin vor. Er hatte den Chorgesang durch gekonnt falsches Singen zu sehr durcheinandergebracht. Von ihm wird sie keine

Auskunft erhalten, wo ihr Enkel abgeblieben ist.

Markus, an der Ecke lauernd, fühlte, daß er schwach wurde. Oma Renate hatte ihre unbewegliche Haltung verloren, holte aus ihrer Handtasche ein Tüchlein und tupfte sich vorsichtig die Schweißtropfen von der Stirn. Man steht nicht ungestraft so lange in der Mittagssonne, auch wenn man Renate Stojahn heißt, die selten ins Schwitzen gerät, die die Hitze der Lampen im Operationssaal gewohnt ist und die abgehärtet ist durch ihre Arbeit.

Wenn er von der Seite auf sie zukäme, sich leise anschliche und plötzlich hinter ihr sagen würde: Oma, hier bin ich. Wird sie erschrecken? Sich freuen?

– Und dann wird er sagen: Oma, das war nicht richtig, daß du nicht gekommen bist zu Opa Paul.

– Und sie wird antworten: Ja, Markus, das war nicht richtig. Deshalb stehe ich hier und warte auf dich.

Der Junge sah, wie Renate Stojahn ihr Tüchlein sorgfältig zusammenlegte und es in die Tasche tat. Ihre Bewegungen waren ohne Hast.

Und Markus wußte, es würde nicht so sein, wie er es sich vorgestellt hatte.

Er zog sich in die Nebenstraße zurück und wählte einen anderen Weg nach Hause.

An diesem Nachmittag ließen ihn die Gedanken an Oma Renate keine Ruhe. Immer wieder sah er sie auf dem sonnenüberfluteten Vorplatz stehen. Wie angeschmiedet stand sie dort, wie gefesselt an diese Stelle. Woran mag sie gedacht haben?

Und Markus machte sich auf den Weg zu Oma Renate. Rosen hatte er nicht mehr, er ging einfach zu ihr, hoffte, sie anzutreffen in der Wohnung, die in der Nähe des großen jüdischen Friedhofs liegt. Er nahm den kürzesten Weg, wie oft war er den schon getrabt. Hier gibt es flache Häuser wie auf dem Dorf und auch höhere, und die meisten sind gut erhalten.

Er ging in die Wohnung, von der er jetzt wußte, daß auch Opa Paul ein paar Jahre dort gelebt hatte, damals, als sie eine Familie waren, Renate und Paul Stojahn und Sohn Georg.

Im Hausflur roch es nach Bohnerwachs, das Treppengeländer glänzte, in den Treppenfenstern standen Blumen. Ein ordentliches Haus, in dem seit vielen, vielen Jahren Oma Renate lebt.

Das Messingschild an der Tür: Stojahn.

Ist das Metallschild nicht verkürzt, abgefeilt? Stand früher vielleicht noch ein Buchstabe oder ein Name vor dem Wort Stojahn? Der Buchstabe P oder das kurze Wort Paul?

Der vertraute Gong ertönte hinter der Tür. Vater hatte ihn vor Jahren eingebaut, als die schnarrende Klingel nicht mehr funktionierte. Die Tür öffnete sich, und Oma Renate stand in einer weißen Bluse und dem hellen Kostümrock im Flur.

„Guten Tag, Oma", sagte Markus.

Oma Renate lächelte, doch nur kurz, wurde ein bißchen rot.

„Das ist eine Überraschung", sagte sie, „mein Enkel Markus."

Der Junge schlüpfte aus den Schuhen, stellte sie ordentlich auf den Abtreter vor der Wohnungstür, wie er es gewohnt war.

Hell und sonnendurchflutet war der Flur, die Türen zur Küche, zum Bad und zu beiden Zimmern standen weit auf. Oma Renate liebte frische Luft, den Durchzug, alles Muffige war ihr zuwider. Sie gingen in die Küche.

„Hast du Durst?" fragte die Großmutter.

„Ja, ist eine Hitze heute."

„Hoffentlich ist das nicht schon der Sommer", meinte Oma Renate. Sie goß kühlen Johannisbeersaft, den Markus für sein Leben gern trank, in ein Glas.

Markus leerte es in einem Zug.

„Na, du hast aber Durst", sagte Oma Renate, „und wie wär's mit einer Schmalzstulle?"

Der Junge nickte, wischte sich den roten Saft mit dem Handrücken von den Lippen.

„Hast du kein Taschentuch, Markus?" tadelte Oma Renate.

„Doch, aber so geht's auch", erwiderte der Junge.

Sie saßen sich am Küchentisch gegenüber wie immer, wenn

Markus hier war. Die Küche war geräumig, Oma Renate hatte sich sehr schöne Möbel aus Holz gekauft, aus Rumänien. Sie hatte sich in den letzten Jahren ihre Wohnung nagelneu eingerichtet.

Kam zu Hause das Gespräch auf Oma Renates Kleidung oder Wohnungseinrichtung, sagte Mutter immer: „Sie verdient genug. Und sie ist allein. Und hat kein Auto."

In der Küche fühlte sich Markus am wohlsten. Von hier aus konnte man über Schuppen und kleine Höfe hinweg bis zu den Bäumen des jüdischen Friedhofs sehen. Vor dem Küchenfenster war ein Blumenkasten aus massivem Holz angebracht, grün gestrichen, begrenzt durch ein festes Gatter und mit starken Haken im Mauerwerk befestigt, dem konnte kein Sturm etwas anhaben – Geranien blühten dort.

Als Markus, der mit Appetit die Schmalzstulle verzehrte, auf das Blumenbrett sah, fragte er plötzlich: „Hat Opa Paul das Blumenbrett gebaut?"

„Opa Paul?" fragte Oma Renate überrascht. „So nennst du ihn?"

„So heißt er doch", sagte der Junge.

„Paul Stojahn heißt er", sagte Oma Renate.

„Und er ist mein Opa", beharrte Markus.

Oma Renate schaute zum Blumenbrett.

„Ja", sagte sie, „das Blumenbrett hat er gebaut. Ist das einzige, was noch an ihn erinnert."

„Das hat er gut gebaut", sagte Markus.

„Möchtest du noch eine Schmalzstulle?" fragte Oma Renate.

„Gern, Oma", sagte der Junge.

Oma Renate reichte ihm eine Papierserviette. „Wisch dir den Mund ab", sagte sie.

Gehorsam säuberte sich Markus den Mund, betrachtete aufmerksam die Großmutter, die am Küchenbüfett eine Stulle schmierte, gleichmäßig verteilte sie Zwiebeln und Grieben. Sie ist nicht viel kleiner als Opa Paul, dachte der Junge, und auch sehr schlank. Und sie hält sich kerzengerade, geht immer aufrecht. Nie wird sie sich an einen Baumstamm lümmeln, nie wird sie vornübergebeugt laufen, die Schultern hochziehen.

Die Großmutter brachte das Brot, goß Johannisbeersaft nach und setzte sich wieder.

„Du kannst von Glück sagen, daß du mich angetroffen hast", sagte sie.

„Dann wäre ich später noch mal gekommen", erwiderte der Junge.

„Du kannst anrufen", sagte Oma Renate.

„Du rufst ja auch nicht mehr an", sagte Markus.

„Das hat Gründe, und die hängen mit deinem Opa Paul zusammen", sagte Oma Renate.

„Das weiß ich. Ich finde nicht richtig, was du machst", sagte der Junge.

Oma Renate zog die Augenbrauen hoch.

„Wie willst du wissen, was an meinem Verhalten falsch oder richtig ist?"

Der Junge sagte: „Du hast versprochen zu kommen. Und dann bist du nicht gekommen."

„Ich habe gar nichts dazu gesagt, so ist es", sagte die Frau.

Markus sah sie verständnislos an. „Was soll denn das Oma?" fragte er.

Oma Renate wischte sich die Augen. „Ich glaube, das verstehst du alles nicht."

„Opa Paul hatte Rosen für dich gebracht", sagte der Junge. „Ich sollte sie zu dir bringen."

„Du hast sie aber nicht gebracht", sagte Oma Renate.

„Ich hatte Angst, daß du sie nicht nimmst. Und jetzt sind sie verwelkt und im Abfall."

„Nun ja", sagte Oma Renate, „das ist so bei Blumen, sie halten sich nicht lange."

„Hättest du sie genommen, wenn ich gesagt hätte, daß sie von Opa Paul sind?"

„Warum soll ich lügen, Markus. Ich hätte die Rosen nicht angenommen", sagte Renate Stojahn.

Der Junge säuberte sich gründlich mit der Serviette den Mund.

„Ich werde wieder gehen", sagte er, „hat gut geschmeckt, der Saft und die Stullen."

Und er stand auf und ging zur Tür.

Oma Renate blieb sitzen und sah Markus forschend an. „Schau mal, wie du gewachsen bist, Markus", sagte sie und wies auf den Türrahmen.

Markus sah die Bleistiftstriche, jeder mit einem Datum versehen. Der letzte Strich lag in der Höhe seines Bauches, so lange war keiner mehr gezogen worden. Diese Bleistiftstriche hat Opa Paul nie gesehen, das waren Oma Renates Eintragungen.

Vielleicht gab es früher andere, an denen auch Opa Paul beteiligt war, aus der Zeit, als sein Sohn Georg hier aufwuchs.

Doch sie waren lange abgewischt und der Türrahmen neu gestrichen.

„Bleib noch ein bißchen, Markus. Wir haben uns immer gut verstanden", sagte Oma Renate leise.

Und der Junge kam zögernd an den Küchentisch zurück, setzte sich wieder.

„Warum hat er sich uns aufgedrängt? Warum ist er hergekommen", sagte Oma Renate. „Er hat kein Recht dazu, er bringt nur Unruhe und Unfrieden in unser Leben."

„Warum bist du so böse, wenn es um Opa Paul geht?" fragte Markus.

„Ich bin nicht böse", sagte Oma Renate. „Ich weiß nur, wie es ist mit ihm. Durch seine Art gewinnt er rasch die Menschen, aber das ist alles, dann läßt er sie wieder fallen, dann kümmert ihn nichts mehr, vergißt sie schnell wieder."

„Du bist damals von ihm weggegangen", sagte Markus.

„Wer behauptet das?" fragte Oma Renate.

„Ich weiß das eben, hab's gehört", erwiderte der Junge.

„Ja, ich habe die Scheidung eingereicht. Aber weggegangen bin ich nicht von ihm. Er war immer weg, er war schon lange nicht mehr bei uns."

„Das war doch seine Arbeit, er mußte dort sein, wo seine Bagger waren", sagte der Junge.

„Ja, seine Arbeit", sagte Oma Renate bitter, „er ist Motorenschlosser. Viele in seinem Beruf arbeiten im Lande. Ihn hat immer die Fremde gelockt. Abenteuer suchte er, fremde Länder, ja, das tat er. Und wir, ich, seine Frau, und sein kleiner Sohn, haben ihm nicht viel bedeutet."

„Vielleicht war das gar nicht so. Bestimmt hat er immer an euch gedacht, wenn er fort war."

„Ach, wenn er an uns gedacht hätte, wäre er nicht andauernd weg gewesen, dann wäre er auch mal für längere Zeit zu Hause geblieben", sagte Oma Renate.

„Aber du hast ihn gern gehabt und geheiratet", sagte Markus.

Oma Renate stützte ihr Gesicht in beide Hände, das war eine ungewohnte Haltung für sie. „Ja", sagte sie, „das stimmt."

„Dann hast du doch gewußt, wie er ist", meinte der Junge.

„Am Anfang weiß man nicht so viel vom anderen", sagte die Frau.

„Also Opa Paul auch nicht von dir", sagte Markus.

„Von mir? Was war da schon zu wissen. Ich war Krankenschwester und lief jeden Tag ins Krankenhaus, wo ich heute noch bin. Mal Tagdienst, mal Nachtdienst. Und wenn ich frei hatte, bin ich tanzen gegangen."

„Und bei Opa Paul war es anders?"

„Doch, es war anders. Er kam aus der Ferne. Er war ein paar Jahre in der Gefangenschaft."

„Opa Paul gefangen? Warum denn?"

„Kriegsgefangen war er. Waren viele damals. Und die hatten Glück, sie hatten den Krieg überlebt. Deinen Opa Paul haben sowjetische Soldaten gefangengenommen. Und dann hat er ein paar Jahre in Rußland arbeiten müssen, aufbauen helfen, was er kaputtgemacht hatte im Krieg. Er war als Gefangener dort, wohin er später als Baggermonteur zurückkam, in Sibirien", sagte Oma

Renate.

„Da war er schon damals“, sagte Markus erstaunt, „und Opa Paul hat in der Sowjetunion etwas kaputtgemacht?“

„Nun ja, das sagt man so. Er war's nicht allein, alle Soldaten, die dort eingefallen sind, haben geschossen, Häuser angezündet, gekämpft. Du hast doch darüber Filme gesehen. Und Paul Stojahn war auch Soldat“, erklärte Oma Renate.

„Er ist nicht übergelaufen und hat gegen die Faschisten gekämpft?“ fragte der Junge.

„Nein, das ist er nicht. Sonst hätten sie ihn ja nicht gefangennehmen müssen.“

Markus sah hinaus in den hellen Tag; Filme über den Krieg, die er gesehen hatte, kamen ihm in den Sinn, aufregende Filme.

„Wann hast du Opa Paul das erste Mal gesehen?“ fragte er.

Oma Renate überlegte, und es war dem Jungen, als lächle sie.

„Er war gerade ein paar Tage zurück aus der Gefangenschaft, beim Tanz, nicht weit von hier. Die Kneipe steht noch, jetzt ist dort oft Disko. Ach, war der Paul Stojahn verlegen und schüchtern. Und wir Mädchen waren frech und machten uns einen Spaß daraus, solche aufzuziehen. Er konnte nicht tanzen, der Tolpatsch, aber er wollte es um jeden Preis. Er hatte nicht tanzen gelernt, war keine Gelegenheit dazu gewesen. Er ist vielleicht herumgestolpert bei Tango oder Walzer. Und als wir hörten, woher er kam und daß er erst ein paar Tage in der Stadt war, tat er mir leid, und ich holte ihn und versuchte ihm die Tanzschritte beizubringen. So haben wir uns kennengelernt, und weil man ja nicht an einem Abend das Tanzen lernt, haben wir uns immer wieder an den Sonnabenden in der Grünen Ecke getroffen. Und dann nicht nur an den Sonnabenden.“

Mit Staunen bemerkte Markus, daß die Großmutter noch immer lächelte, sie befand sich in der Zeit „damals“, die so viele, viele Jahre zurücklag.

Er kannte auch die Grüne Ecke, weil er dort vorbei mußte, wenn er den kürzesten Weg nach Hause wählte. Es war ein Ecklokal mit einem kleinen Garten, den ein verrosteter Eisenzaun umschloß, und ein Saal war auf den Hof hinaus gebaut. Im Sommer konnte man im Vorgarten Eis essen. Und in dem Saal mit den hohen, verstaubten Fenstern haben sich Renate und Paul zum ersten Mal gesehen.

Oma Renate hatte wieder ihren Enkel fest im Blick. „Und wer war er, mein fleißiger Tanzschüler? Aus Schlesien stammte er, aus dem Kohlerevier, das nun zu Polen gehört. Seine Eltern waren verschollen oder umgekommen, nie mehr hatte er etwas von ihnen gehört oder erfahren. Geschwister hatte er nicht. Er war in unsere Stadt als ein Fremder gekommen. Nicht einmal eine Geburtsurkunde besaß dieser Paul Stojahn. Das einzige Dokument, das er in der Tasche hatte, war der Entlassungsschein aus der Kriegsgefangenschaft, ein Stück Papier mit einem russischen Stempel. Was darauf geschrieben stand, mußte ich glauben. Und das habe ich auch. Na ja, die hätten ihm sonst solch ein Papier nicht ausgeschrieben, ist doch klar."

„Mit einem Entlassungsschein ist Opa Paul in die Stadt gekommen. Hat sonst nichts gehabt?"

„Nein. Eine blaue Wattejacke trug er, die war nagelneu und das Wertvollste, was er mitbrachte. Und einen Holzkoffer besaß er noch, den hatte er sich selbst gebaut im Lager", sagte Oma Renate und fügte hinzu: „So sind die meisten angekommen. Sie hatten nichts."

„Damals war Opa Paul noch kein großer Baggermann?" fragte der Junge.

„War nicht dran zu denken. Er mußte arbeiten und ging auf den Bau. Er reparierte Trümmerlokomotiven und die Baumaschinen, die es gab. Man mußte ja Geld verdienen", sagte Oma Renate.

„Ich habe einen Film gesehen", erinnerte sich Markus, „die Häuser waren kaputt, und hohe Ziegelberge lagen an den Straßen. Und kleine Lokomotiven zogen Loren zwischen den Schuttbergen."

„Ja, so sah es damals aus. Und er, dein Opa Paul, ist in jenen Jahren von den alten Lokomotiven und halbkaputten Maschinen nicht losgekommen. Ich wollte ihn ins Krankenhaus holen, als Handwerker. Unser Krankenhaus war ganz schön mitgenommen. Er hätte noch und noch Arbeit gehabt. Er wollte nicht, blieb bei seinen Trümmerloks und zwischen seinen Schuttbergen. Zugegeben, er verdiente für die damalige Zeit einen Batzen Geld. Und das brauchten wir auch. Und mit den Lebensmittelmarken war er hoch eingestuft, ich ebenfalls, arbeitete damals schon als Operationsschwester. Und manche Sonderzuteilung an Seife und anderen Dingen brachte er nach Hause. Aber die Hauptsache für ihn war das ungebundene Leben auf den Baustellen, das habe ich damals nicht gewußt. Seine Arbeit brachte ihm immer wieder Überraschungen. Er mußte tüfteln, organisieren, damit die Trümmerloks und die anderen Geräte liefen. Dabei schaute er nicht auf die Uhr. Wir haben uns manchmal tagelang kaum gesehen, besonders wenn ich Nachtschicht hatte und er seine Überstunden machte."

„Das war bestimmt eine schlimme Zeit für euch, Oma", sagte Markus.

„Das war keine schlimme Zeit, Markus. Es war unsere Zeit. Schau mal, wir waren doch jung, jünger, als deine Mutter und dein Vater heute sind. Wir freuten uns über jedes Stück, das wir uns kauften und ich mich über jedes Kleid, jede Bluse und jeden Rock. Und tanzen gingen wir hin und wieder und hatten ein paar Freunde. Und dann kam der Georg zur Welt, dein Vater. Wir haben zusammen den Kinderwagen gekauft, es gab so ein Geschäft am Strausberger Platz, ich glaube, es ist heute noch dort. Und dein Großvater holte natürlich den teuersten Kinderwagen, einen aus Rohr geflochtenen, sah ungeheuer schick aus. Wer so einen Kinderwagen durch die Gegend schob, ja, der stellte was dar."

Erneut überflog ein Lächeln Oma Renates Gesicht.

Markus stützte die Ellbogen auf den Tisch und vergrub das

Gesicht in die Hände.

„Da war doch alles gut", sagte der Junge.

„Ja, damals war alles gut. Vielleicht zu gut", meinte Oma Renate, „dann aber kam alles anders. Es fing mit den Baggerfritzen an, die ihn abwarben in die Stadt am Harz. Die Trümmerberge nahmen ein Ende, und die Lokomotiven hatten nicht mehr viel zu tun. Eines Tages sagte dein Großvater zu mir: ‚Die Leute dort haben ein gutes Angebot für mich. Wir packen unsere Siebensachen, Renate, und ziehen in den Harz. Gute Luft ist dort, vor der Nase das Gebirge, was will das Herz mehr.'"

„Und ihr seid nicht weggezogen", sagte Markus.

„Das ging nicht. Meine Eltern lebten hier. Deine Uroma kennst du noch, Oma Anna."

„Die Oma mit den ganz weißen Haaren?" fragte Markus.

„Ja, deine Oma Anna. Wie konnte ich meine Eltern allein lassen, Markus? Und ich wollte nicht weg aus der Stadt, ich bin ehrlich, ich möchte überhaupt nicht weg von hier."

„Und Opa Paul? Was hat er gesagt?"

„Er hat mich nicht verstanden. Er versuchte alles, um mich dorthin zu kriegen, er schlug vor, die Eltern mitzunehmen", sagte Oma Renate.

„Das war doch aber gut", meinte Markus.

„Verrückt war es", sagte Oma Renate, „die alten Leute aus ihrer Stadt rauszunehmen. So was konnte nur ein Paul Stojahn vorschlagen. Man verpflanzt keinen alten Baum. Er ist gegangen, er hat sich nicht abbringen lassen von seinem Vorhaben. Bis zuletzt habe ich das nicht geglaubt, ich dachte, er brächte es nicht übers Herz, von uns wegzugehen. Später habe ich den Grund seiner Hartnäckigkeit herausbekommen, er wußte schon damals, daß er für Auslandseinsätze vorgesehen war. Sein unruhiges Blut, die Ferne lockte, er konnte nicht widerstehen."

Markus ließ sich auf den Stuhl zurückfallen. Er verstand Opa Paul. Wenn einer in fremde Länder geschickt werden soll, kann er doch nicht nein sagen.

„Aber Oma, Matrosen sind auch lange Zeit nicht zu Hause. Sie haben Frauen und Kinder, und sie schicken Grüße durch das Radio. Immer zu Weihnachten grüßen sie sich durch Rügenradio."

„Ich weiß", sagte Oma Renate, „aber einmal muß das Wegsein ein Ende haben. Und nicht jeder kann das Wegsein vertragen. Und er war ja kein Matrose. Er ist immer länger weggeblieben, immer weiter fortgefahren. Ich konnte das Alleinsein und die Angst um ihn nicht mehr aushalten. Ich habe das ja viele Jahre mitmachen müssen. Und da war noch was, aber das will ich nicht erzählen", sagte Oma Renate.

„Was war noch?" drängte Markus.

„Ach, warum sollst du es nicht wissen. Ein Brief kam aus Sibirien. Er war dort gewesen und schon wieder fort in eine andere Richtung. Ich habe den Brief aufgemacht, ein Foto fiel heraus, das Bild einer hübschen, jungen Frau. Erst wollte ich ihm den Brief nachschicken mit einem großen Fragezeichen, dann wollte ich mir den Brief übersetzen lassen, ich konnte ihn ja nicht lesen. Aber dann habe ich das Foto mit der lachenden, jungen Frau in das Kuvert geschoben und zu seinen Sachen gelegt. Er kam, hat den Brief genommen, das Foto betrachtet, den Brief gelesen und weggelegt, hat kein Wort zu mir gesagt. Und ich habe ihn nicht danach gefragt."

Oma blickte zur Seite. Markus schwieg.

„Das ist nicht so wichtig", sagte Oma Renate, „später habe ich von ihm verlangt, daß Schluß sein müsse mit der Reiserei, das wäre für uns kein Leben, für Georg und mich. Er war immer nur kurz bei uns, denn zwischen den Auslandsfahrten mußte er ja oft ins Werk, in dem die Bagger gebaut werden. Ja, und dann war Schluß, und es hat ihn nicht gerührt. Ich habe geschworen, ihn zu vergessen. Das war besser so. Wie Gift wirkt dieser Paul Stojahn auf andere Menschen, bringt alles in Unordnung und Unruhe. Jetzt zeigt es sich wieder. Schau deine Mutter an. Ganz anders ist sie geworden, als wäre sie angesteckt von der Art dieses Herrn Stojahn. Ich will mich nicht anstecken lassen, nie mehr."

Oma Renate richtete sich auf, strich sich über die Augen, als wollte sie einen bösen Traum fortscheuchen.

Dann erhob sie sich, zog Rock und Bluse glatt und war wieder die beherrschte Renate Stojahn.

Markus hockte zusammengesunken auf dem Stuhl.

„Ich muß noch einmal ins Krankenhaus. Begleitest du mich?" fragte Oma Renate.

Markus sagte: „Ich komme mit."

Und sie machten sich auf den Weg zum Krankenhaus, in dem Renate Stojahn seit vielen Jahren ihre Arbeit tat. Es war schon eine Weile bis dorthin zu gehen, und Oma Renate lief den Weg jeden Tag, ob im Frühling, Sommer, Herbst oder Winter.

Und sie kamen an der Grünen Ecke vorbei.

Markus blieb am Vorgarten stehen, an den Tischen saßen Leute. Der Junge blickte auf die Tür an der stumpfen Ecke, sie war alt und schwer und braun gestrichen. Den Vorgarten überwölbte eine breite Kastanie. Vor wenigen Wochen war der Baum von Blütenkerzen übersät gewesen, jetzt waren sie verblüht. Viele Jahre stand die Kastanie an diesem Platz.

„Nun, komm schon", drängte Oma Renate.

Der Junge lief an ihrer Seite, und sie schwiegen, jeder hing seinen Gedanken nach.

Erst als sie die verkehrsreiche Allee überquert hatten, sagte Oma Renate: „Hätte ich jetzt Zeit, könnten wir dir einen Trainingsanzug kaufen. Du brauchst ihn für den Urlaub."

„Ja, ich brauche einen", sagte Markus, aber das Wort Urlaub wollte nicht über seine Lippen.

„In der nächsten Woche verabreden wir uns. Dann bummeln wir ohne Hast die Allee rauf und runter", sagte Oma Renate.

Markus sagte: „Ja, in der nächsten Woche."

Immer war es eine besondere Sache gewesen, mit Oma Renate über die Geschäftsallee zu bummeln. Heute wollte keine Freude bei ihm aufkommen.

Vor dem Krankenhaus verabschiedete sich Oma Renate von

dem Enkel. Sie beugte sich zu Markus und küßte ihn auf die Stirn. Sie roch gut nach einem Parfüm, das ganz anders war als das der Mutter, aber zu Oma Renate paßte, ein herbes, frisches Duftwasser.

Markus schaute ihr nach, wie sie ruhig dem Krankenhaus zuschritt. Dort war ihr Reich, dort war sie zu Hause, dort kannte sie alles, sah alles, bemerkte die kleinste Ungenauigkeit, sie, die Oberschwester Renate Stojahn.

Am Eingang wandte sie sich noch einmal um, winkte Markus kurz zu, so war es immer, wenn er sie hierherbegleitete.

Ein Krankenwagen fuhr mit aufgesteckter Roter-Kreuz-Flagge auf den Hof, bremste scharf vor dem Eingang zur Rettungsstation. Die Fahne auf dem Dach des Autos fiel zusammen, die hintere Tür wurde aufgerissen, eine Trage herausgezogen.

Die grellen Lichter im Operationssaal werden aufflammen. Alltag für dieses Haus, alltägliche Verrichtung der hier arbeitenden Leute, und dazu gehört die Oberschwester Renate Stojahn.

Auf dem Heimweg schlug Markus einen Bogen um den Weißen See, wollte nicht in die Nähe der Badeanstalt kommen, wo er Freunde und Klassenkameraden wußte. Traurig war er schon manches Mal gewesen, mal über eine verpatzte Arbeit, ein Fernsehverbot, eine Gemeinheit oder Ungerechtigkeit, die ihm widerfahren war. Doch noch nie war er sehr lange traurig gewesen, bald war die Sache vergessen oder gut geworden. Doch in den letzten Tagen, und besonders nach seinem Besuch bei Oma Renate, saß die Traurigkeit ganz tief in ihm, und es war ihm, als würde sie nie mehr weggehen.

Als er zu Hause die Tür aufschloß, wußte er, daß er nicht allein in der Wohnung war, obwohl sich nichts rührte. Er spürte es, und dann entdeckte er Mutters Tasche im Flur und ihr buntes Halstuch an der Garderobe.

Es war früh am Nachmittag, und eigentlich hätte Mutter noch nicht hiersein dürfen.

Markus ging zur Wohnzimmertür und sah Mutter am Tisch

schreiben. Sie hatte sein Kommen nicht bemerkt, mußte sehr vertieft sein in ihre Schreibarbeit.

Mutter hatte sich das Haar aufgesteckt, und der Junge sah auf ihren schmalen Nacken.

Früher hatte Markus manchmal gesehen, daß Vater, wenn Mutter das Haar auf diese Weise trug, sie auf den Nacken küßte.

Markus klopfte schwach an die Tür.

Mutter fuhr auf ihrem Stuhl herum. „Ach, Markus, Junge. Ich hab dich nicht gehört. Bist so leise gekommen“, sagte sie.

„Ich bin wie immer gekommen“, erwiderte der Junge.

Mutter legte den Kugelschreiber aus der Hand. „Willst du was essen?“

„Ich war bei Oma. Hab Schmalzstullen gefuttert.“

„Bei Oma? Bist einfach hingegangen?“

„Sie stand heute mittag vor der Schule. Hat auf mich gewartet.“

„Vor der Schule?“

„Ja, aber ich habe mich nicht sehen lassen, bin hinten raus.“

Mutter Sabine schüttelte den Kopf. „Aber dann bist du zu ihr nach Hause gegangen. Warum denn?“

„Sie hat mir leid getan.“

„Und was hat sie gesagt, als du so plötzlich vor der Tür standest?“

„Sie hat sich gefreut, wirklich.“

„Das glaube ich“, sagte Mutter. „Und hast du mit ihr über Opa Paul gesprochen?“

„Ja, deswegen bin ich zu ihr gegangen.“

„Und was ist herausgekommen?“

„Sie will Opa Paul nicht mehr sehen. Sie kann es einfach nicht, sagt sie.“

„Das hat sie dir gesagt?“

„Ja, sie hat mir sehr viel erzählt über sich und Opa Paul und über Papa und die alten Zeiten.“

„Und du? Was sagst du dazu?“

„Ich weiß nicht", sagte der Junge ratlos. „Ich verstehe manches nicht."

„Ja, die alten Zeiten", sagte Mutter. „Ich bin dabei, deiner Oma, meiner Schwiegermutter, einen Brief zu schreiben. Aber ich sehe schon, es wird nichts, hat keinen Sinn."

Und sie nahm den Bogen, auf dem schon ein paar Zeilen standen, zerriß ihn in kleine Stückchen.

„Fort mit dem Zeug, weg in den Papierkorb, was soll das Geschreibsel", sagte sie heftig. „Renate Stojahn läßt sich nicht rühren, Renate Stojahn bleibt eisern, Renate Stojahn will ihren Willen durchsetzen, Renate Stojahn gibt niemals klein bei."

Markus blickte auf die Papierschnitzel. Was wollte Mutter Großmutter Renate schreiben? Und jetzt hat sie den begonnenen Brief zerrissen.

„Willst du was trinken, Markus? Ich habe frische Milch", sagte Mutter.

„Ich habe bei Oma drei Gläser Johannisbeersaft getrunken", sagte Markus. „Mein Bauch ist wie eine Tonne."

„Warum bist du nicht gleich bei ihr geblieben bis zum Abendbrot?" fragte Mutter.

„Sie mußte noch ins Krankenhaus."

„Du hast sie hingebracht?"

„Ja, das mache ich doch immer. In der nächsten Woche will sie mit mir einkaufen gehen, Trainingsanzug und so was", sagte Markus.

„Wir gehen in dieser Woche einkaufen."

„Wann fahren wir denn in den Urlaub?"

„Ich weiß es nicht. Vielleicht wird alles anders mit dem Urlaub", sagte Mutter. Sie stand auf, nahm das Schreibzeug vom Tisch und die Papierschnipsel. „Wir müssen Opa Paul vergessen, und dann ist alles gut", sagte sie.

„Opa Paul vergessen? Das geht nicht", rief Markus.

„Ja, das geht natürlich nicht. Und alles gut wird auch nicht. Traurig ist alles, sehr traurig", meinte Mutter.

„Du hast doch aufgeschrieben, wo Opa Paul wohnt?“ fragte Markus.

„Ja, in der Fehrbelliner Straße wohnt er“, sagte Mutter. „Willst du ihm schreiben?“

„Ich kann hinfahren“, sagte Markus.

„Natürlich, du kannst hinfahren. Du mußt den Bus nehmen und dann die U-Bahn und am Senefelderplatz aussteigen. Dort in der Nähe muß die Fehrbelliner sein.“

„Ich kann ja auf den Stadtplan gucken“, sagte Markus.

„Mach das, dann weißt du genau Bescheid.“

Mutter ging in die Küche, und Markus folgte ihr.

„Ich trinke doch ein Glas Milch“, sagte er.

Mutter öffnete eine Milchtüte, goß ein Glas voll, und Markus trank.

„Ich geh jetzt runter“, sagte er. „Wann soll ich oben sein?“

„Komm nicht zu spät.“

„Zum Abendessen?“

„Wenn ich wüßte, wann wir heute zu Abend essen. Vielleicht sind wir beide allein“, sagte Mutter.

„Hat Papa wieder zu tun?“

„Ich nehme es an.“

„Sagt er dir das nicht?“

„Doch, doch, er sagt, daß wir nicht auf ihn zu warten brauchen.“

„Und was sagst du dann?“

„Nichts, ich nehme es zur Kenntnis“, sagte Mutter.

„Ich geh also runter, Mama“, sagte Markus.

„Willst du heute abend eine Bratwurst? Ich habe Thüringer.“

„Wenn du eine ißt, esse ich auch eine“, sagte der Junge.

„Schön, dann mach ich uns einen frischen Salat dazu“, sagte Mutter.

An der Tür rief Markus: „Tschüs, Mama!“

Auf dem Wege zu seinen Freunden gingen dem Jungen düstere Gedanken durch den Kopf.

Oben in der Wohnung ist seine Mutter, versucht einen Brief an Oma Renate zu schreiben, zerreißt den Bogen, grämt und ärgert sich; im Krankenhaus arbeitet auch am Abend Oma Renate, weil sie nicht mehr zu den Kindern kommt und allein ist; irgendwo in der Stadt treibt sich Papa umher, macht vielleicht auch Überstunden, damit er zu Hause nicht reden muß, und das Schweigen ist noch schlimmer. Und in der Fehrbelliner hockt Opa Paul, der nichts anderes wollte, als den Enkel Markus sehen, und er ist bestimmt gekränkt über die Abfuhr, die ihm seine Familie erteilt hat.

Was hat er denn nur getan? Es ist doch nichts Schlimmes, den Enkel sehen zu wollen.

Am Weißen See traf Markus seinen Freund Sven und einige andere aus seinem Dreh, und für ein paar Stunden waren die düsteren Gedanken vergessen und auch die Traurigkeit.

Am Abend nahm er sich vor, am Nachmittag des nächsten Tages in die Fehrbelliner zu fahren und Opa Paul zu besuchen.

Er hatte Sehnsucht nach Opa Paul.

Markus mußte nicht lange nach der Fehrbelliner suchen. Er hatte den Stadtplan studiert und sich den Weg vom Senefelderplatz aus eingeprägt.

Die Gegend hier war anders als die gewohnte in Weißensee. Die hohen alten Häuser mit dem alten zernarbten Putz erinnerten an Filme aus früheren Zeiten.

Die Fehrbelliner Straße wirkte wie eine enge bedrückende Schlucht auf den Jungen.

Markus suchte die Nummer achtundvierzig.

Da entdeckte er das bunte Auto. Es stand etwas entfernt vom Haus Nummer achtundvierzig, eigentlich schon am Teutoburger Platz, auf dem alte Bäume wuchsen. Die Motorhaube war hochgeklappt, und Opa Paul hantierte im Motorraum. Markus blieb an der Seite stehen, beobachtete, wie Opa Paul Zündkerzen einschraubte und Kabel auf ihren festen Sitz hin prüfte. Dem Jungen kam in den Sinn, wie ihn Opa Paul zum ersten Mal auf dem Platz vor der Schule begrüßt hatte, und er sagte: „Hallo, sind Sie der Herr Stojahn?“

Opa Paul blickte auf, hielt aber das Kabel fest, das er gerade befestigen wollte. Seine Augen lachten, er verzog aber keine Miene. „Hallo? Ja, ich bin Herr Stojahn. Und wer sind Sie?“

„Ich bin Ihr Enkel, der Markus.“

Opa Paul klemmte das Kabel fest, richtete sich auf, säuberte sich mit einem Lappen die Hände. „So, mein Enkel?“ fragte er. „Können Sie das auch beweisen? Haben Sie Dokumente?“

„Natürlich, meinen Sportausweis und ein Foto, auf dem mein Vater und ich zu sehen sind. Und meinen Vater werden Sie ja erkennen, er sieht Ihnen ähnlich.“

Opa Paul reichte seinem Enkel die Hand. „Da tauchst du einfach in der Fehrbelliner auf“, sagte er.

„Ich habe gleich gefunden“, sagte Markus, wies auf das Auto und fragte: „Was kaputt?“

„Nein. Ich schau mal alles nach. Vor jeder längeren Fahrt und so und überhaupt“, sagte Opa Paul.

Markus schaute in den Motorraum, der Block glänzte, die Batterie war offensichtlich neu, kein Kabel verrottet.

„Sieht gut aus“, stellte Markus fest, „ganz anders als außen.“

„Ich hab's dir doch gesagt, auf das Innere kommt es an“, sagte Opa Paul und ließ die Motorhaube behutsam fallen; sie rastete weich ein. So stand das Auto am Teutoburger Platz: bullig und bunt, auf dem Dach trockene Blätter und Ästchen vom letzten Wind.

„Du kommst einfach so“, sagte Opa Paul noch einmal.

„Ich wollte dich besuchen. In der Gegend wohnst du also.“

„Gefällt dir die Gegend nicht?“ fragte Opa Paul.

„Die Häuser schon, aber mir fehlt das Grün“, sagte Markus.

„Am Teutoburger Platz ist es aber grün“, sagte Opa Paul. „Ich bin gern hier.“

„Hier ist eben die richtige Stadt“, gab Markus zu.

Opa Paul lehnte sich an das Auto. „Du hast Zeit?“ fragte er.

„Bis zum Abend."
„Weiß deine Mama, daß du hier bist?"
„Ja, ich soll dich auch von ihr grüßen."
„Alles in Ordnung zu Hause?"
Markus zögerte, sagte dann: „Ist gar nichts in Ordnung zu Hause."
„Daran bin ich schuld", sagte Opa Paul. „Das tut mir leid."
„Du bist nicht schuld", sagte der Junge.
Opa Paul blickte ihn an, Markus wich den hellen Augen nicht aus. Opa Paul sollte spüren, daß er, Markus, auch so dachte, wie er es gesagt hatte.
„Weißt du, Alter, was wir jetzt machen", sagte Opa Paul. „Wir gehen hoch in meine Bude. Ich wasche mich, ziehe mich ein bißchen um, und dann besorgen wir beide uns einen vergnügten Nachmittag."
„Vielleicht hast du was anderes vor", sagte Markus.
„Ich habe nichts anderes vor", sagte Opa Paul, „und wenn es so wäre, würde ich einfach meine Pläne ändern. Du bist ja gekommen." Und er stieß sich ab von dem Auto, umfaßte die Schultern des Jungen und wollte mit ihm losgehen.
„Hast du dein Auto abgeschlossen?" fragte Markus.
Opa Paul lachte. „Kontrolliere sicherheitshalber", sagte er.
Markus rüttelte an den Türen, sie waren verschlossen, doch die Kofferraumklappe sprang auf. Markus sah einen nagelneuen Ersatzreifen, ordentlich verstaute Werkzeuge, einen ausländischen Wagenheber, eine große Stablampe.
„Hier könnte man mächtig klauen", sagte Markus. „Du bist ganz schön leichtsinnig, Opa!"
„Ja, muß ich zugeben. Eine dumme Eigenschaft von mir, dieser verflixte Leichtsinn."
Markus sah seinen Großvater zweifelnd an. „Du meinst das ja gar nicht ernst", sagte er.
Opa Paul verschloß den Kofferraum. „Doch, Markus, ich meine das schon ernst. Und ein paarmal hat man mir schon was

geklaut. Aber so tragisch kann ich's halt nicht nehmen."

„So ein guter Reifen. Und der Wagenheber", sagte der Junge.

„Ja, wäre schade, der Wagenheber ist aus Prag. Und nun lassen wir meinen lieben alten Schlitten ein bißchen vor sich hin träumen. Dann muß er uns zuverlässig durch die Stadt fahren."

Opa Paul und Enkel Markus gingen zur Fehrbelliner achtundvierzig: Im Treppenhaus mußten sie Licht anknipsen, vom engen Hof her roch es nach Mülltonne und Abfällen.

Wie sollte auch die Sonne in diesen winzigen Hof scheinen, der von Seitenflügeln und dem Hinterhaus eingegrenzt war, wie sollte Licht in den Treppenflur gelangen, wenn die Straße eine enge Schlucht war? Sie stiegen knarrende, ausgetretene Holzstufen hoch bis zum dritten Stock.

Als Opa an einer hohen dunkelbraunen Tür schloß, trat aus der Nachbarwohnung eine ältere Frau.

„Sie sind ja nicht fort, Herr Stojahn?" sagte sie.

„Wie Sie sehen, Frau Kallweit, ich bin noch hier."

„Ich dachte, Sie wären schon über alle Berge", sagte die Frau.

„Ich bin nicht über alle Berge, Frau Kallweit, und hier, das ist mein Enkel Markus."

„Ach, von dem Sie mir so viel erzählt haben?"

„Ja, das ist er, Markus", sagte Opa Paul.

„Groß ist der Junge", sagte die Frau Kallweit und trat näher, um sich den Stojahnenkel genauer zu betrachten.

„Er sieht Ihnen sehr ähnlich, Herr Stojahn", sagte sie. „Wie aus dem Gesicht geschnitten."

„Meinen Sie wirklich, Frau Kallweit?"

„Herr Stojahn, ich habe doch Augen. Das ist nicht zu verkennen", beharrte die Frau.

Im langen dunklen Flur schaltete Opa Paul die Beleuchtung ein. Ein großer, alter Spiegel an der Wand zeigte die beiden von Kopf bis Fuß.

Opa Paul zog Markus vor das Spiegelglas. „Was die Kallweiten so behauptet", sagte er, „aber ich glaube, sie hat recht."

Markus konnte das nicht feststellen. Der große, hagere Mann in der Manchesterhose und dem karierten Arbeitshemd sollte mit ihm Ähnlichkeit haben? Er, Markus, trug sein geliebtes, tausendmal gewaschenes Nicki mit der Zahl 13 vorn und hinten, die kurzen Hosen waren aus festem Leinenstoff, und die dünnen zerschrammten Beine steckten in abgewetzten Turnschuhen. Der Kopf, das Gesicht? Nun ja, wenn man eingeweiht war, konnte man eine gewisse Ähnlichkeit feststellen zwischen dem Jungen und dem Mann, der Paul Stojahn hieß.

Opa Paul starrte verzückt auf das Spiegelbild.

„Das ist also deine Wohnung", sagte der Junge.

Opa Paul mußte sich vom Spiegel trennen. „Ja, als ich von Weißensee wegmußte, zog ich hier ein und bin geblieben. Doch wie oft bin ich schon da, aber einmal werde ich ganz hier bleiben."

Er zeigte dem Jungen seine Behausung. Die Küche war groß, und solche alten Küchenmöbel kannte Markus nicht, sie waren rot angestrichen. In einer Ecke hatte Opa Paul eine Duschkabine eingebaut. „Willst du duschen?" fragte Opa Paul. „Funktioniert hervorragend und ist eine feine Sache."

Es gab noch ein großes Zimmer, in dem auch keine neuen Möbel standen, eine breite Couch, ein Ungetüm von Kleiderschrank, ein Vertiko, eine Glasvitrine. Den in die Mitte des Zimmers gerückten runden Tisch umstanden hochlehnige Stühle, und über dem Tisch hing eine große mehrarmige Lampe. Am Fenster stand ein abgenutzter Sessel neben einem Tischchen, an dem eine Leselampe montiert war, und auf dem Tisch ein großer Radiorecorder, japanisches Fabrikat.

Die Vitrine fesselte Markus' Aufmerksamkeit und eine Wand, an der eingerahmte Fotos hingen, von oben bis unten. In der Vitrine lagen zahlreiche seltsam geformte Steine in den verschiedensten Farbtönen: gelblich, braun, dunkelblau, violett, kleine Schatullen, Abzeichen, Wimpel und ein geschwungener Dolch in einer reichverzierten Lederscheide. Ordentlich und sauber war es im Zimmer, doch es fehlten Blumen, und die Decke auf dem

Tisch war aus Wachstuch.

„Nun hast du alles gesehen“, sagte Opa Paul.

Markus trat an die Fotowand.

Opa Paul schaltete den Kronleuchter an. Erst flammten vier Glühlampen auf, dann acht, sie tauchten das Zimmer in helles, kühles Licht.

„Die Stationen deines Großvaters“, erklärte Opa Paul, „immer im Zusammenhang mit den Baggern und den Baustellen, auf denen ich gearbeitet habe. Hin und wieder mal ein bißchen Landschaft.“

Bagger der verschiedensten Art waren zu sehen, erd- und schlammbeschmutzt, staubüberdeckt, in strahlender Sauberkeit, wahrscheinlich gerade aus dem Werk gekommen, Bagger in Arbeit, in allen möglichen Stellungen, und Wälder, Berge, weite Steppen, Wüstensand oder Schnee und Regen.

Und immer wieder Opa Paul neben einem Bagger oder auf dem Fahrersitz. Opa Paul, sonnverbrannt in kurzen Hosen, in Filzstiefeln und Pelz, manchmal mit Vollbart, meistens glattrasiert, mit zerknitterter Schirmmütze oder bereifter Pelzmütze, Opa Paul Zigarette rauchend oder an einer Pfeife ziehend, meistens leicht spöttisch lächelnd wie auch jetzt in seinem Zimmer beim Betrachten der Fotos.

„Jeder Mensch hat so seinen Tick, hier hast du meinen“, sagte er.

„Hast du eine gute Kamera?“ fragte der Junge.

„Sie ist schon viele Jahre alt, aber du siehst, sie arbeitet nicht schlecht“, meinte Opa Paul.

„Papa fotografiert auch gern. Er hat drei Fotoapparate und einen Koffer mit viel Gerät dazu“, sagte der Junge.

„Hat Papa eine Spezialstrecke?“ fragte Opa Paul.

„Was ist das?“

„Na, Vorliebe für Landschaftsaufnahmen oder Stadtmotive.“

„Papa fotografiert gern Blumen und kleine Tiere. Er kann stundenlang auf der Lauer liegen, um einen schönen Schmetterling zu fotografieren", sagte Markus und erinnerte sich Mutters Ungeduld, die für das zeitaufwendige Hobby ihres Mannes nicht das rechte Verständnis aufbringen konnte.

Markus wies auf den Dolch in der Vitrine. „Woher hast du den?"

„Ein Finndolch. Aus dem hohen Norden habe ich ihn mitgebracht, aus Lappland", sagte Opa Paul und nahm ihn heraus. Er zog den Dolch aus der Lederscheide. Die leicht gekrümmte Klinge blitzte, sauber war die Blutrinne eingeschmiedet. „Vorsicht", warnte Opa Paul, „die ist verdammt scharf. Zur Not kannst du dich damit rasieren."

Der Knauf war kunstvoll mit Lederstreifen umbunden.

Markus betrachtete bewundernd die Dolchscheide, roch an dem Leder, tastete mit den Fingerspitzen die geprägten Zeichen und Symbole ab, erkannte Tierdarstellungen.

„Das muß viel Arbeit machen, solch einen Finndolch herzustellen", sagte der Junge.

„Der hier hat auf jeden Fall viel Mühe gemacht, ist ein Einzelstück, sehr kunstvoll. An solche kommt kein Tourist ran. Das ist ein Arbeitsgerät für die Leute im hohen Norden, brauchen sie einfach. Doch schön soll er auch aussehen. Überall auf der Welt wollen die Leute, daß die Sachen, mit denen sie täglich umgehen, möglichst schön sind", sagte Opa Paul.

Er legte den Finndolch in die Vitrine zurück, schaltete die Deckenlampe aus, und im Zimmer herrschte wieder dämmriges Licht. „Nun ja, viel Sonne habe ich hier gerade nicht", bemerkte der Mann. „Dafür ist es im heißen Sommer angenehm kühl. Und im Winter kann man heizen, der Kachelofen wird bullig warm."

„Draußen in Wandlitz haben wir auch einen Ofen", sagte Markus, „wenn Papa trockenes Holz auflegt, bullert der richtig los. Dauert nicht lange, und das Haus ist warm."

Opa Paul sagte: „Ich mach mich frisch, und dann ziehen wir los. Müssen überlegen, wie wir uns den Nachmittag so angenehm wie möglich machen."

Markus stand etwas verloren in dem großen Zimmer. Opa Paul wusch sich und zog sich um, wählte ein frisches buntes Hemd, eine andere Kordhose und nahm die schwarze Lederjacke aus dem Schrank, prüfte sorgfältig seine Papiere in einer abgewetzten Brieftasche.

Er tat das schweigend. Er war es eben gewohnt, mit keinem reden zu können, denn er war immer allein.

Zu Hause erzählt Mama stets irgend etwas bei ihren Verrichtungen, das Radio spielt, und dazwischen brummelt die tiefe Stimme Vaters.

Dann war es soweit, Opa schloß das Fenster und löschte das Licht im Flur.

Beim Hinausgehen entdeckte Markus in einer Flurecke auf einem Hocker einen geöffneten Koffer.

Opa Paul, der Reisende, hat sicherlich tausendmal in seinem Leben den Koffer ein- und ausgepackt, das war ihm zur Gewohnheit geworden.

Opa Paul, der den Blick des Enkels bemerkte, schlug den Kofferdeckel zu.

Als sie aus dem Hausflur traten, kam Markus die enge Fehrbelliner Straße ungewöhnlich hell und freundlich vor.

Opa Paul umfaßte den Jungen kurz und sagte: „Ich habe einen Vorschlag. Wir fahren nach Treptow zum Rummel, zum Kulturpark. Mal prüfen, was sie dort zu bieten haben. Und dann werden wir weitersehen. Warst du schon dort?"

„Einmal, schon lange her", sagte Markus, erinnerte sich an das nicht gerade freundliche Gesicht des Vaters, der mitgekommen war, aber nicht viel hielt von dem Nepp dort, wie er sagte, von diesen billigen Vergnügungen. Im Gegensatz zu Mutter Sabine, die sich amüsierte und ihren Spaß an dem Menschengewimmel in Treptow hatte.

Oma Renate war gar nicht erst mitgekommen, sie verabscheute den Staub und den Krach dort, das war für sie im höchsten Grade gesundheitsschädigend.

Im Auto sitzend, wirkte das flotte Anfahren ganz normal, Opa Paul schaltete rasch und weich.

Die Rollgurte gaben jeder Bewegung nach.

Rollgurte waren Mutters Traum. Die werden nicht so schnell schmutzig, rollen sich ein, passen sich an. – Vater waren die Dinger zu teuer, und sie kosteten ja wirklich eine Menge Geld. Die normalen Gurte waren seiner Meinung nach absolut sicher. Wenn mal der Mechanismus des Rollgurts versagt, was dann? – Mutter winkte nur ab. Noch nie gehört, daß der Mechanismus versagt hatte. Im Gegenteil.

Opa Paul fuhr zügig und sicher, beobachtete aufmerksam die Straße, und es machte ihm offensichtlich Spaß, daß neben ihm Markus saß.

Und der Junge hatte auch seinen Spaß. Opa Paul begleitete mit seinen Worten das Verkehrsgeschehen.

Ein ziemlich altertümlicher Bus setzte zum Überholen an.

„Junge, Junge, der morsche Kasten will es wissen. Hoffentlich fällt er nicht auseinander", bemerkte Opa Paul.

Neben ihnen schob sich ein Trabant vorbei, der Fahrer blickte verbissen herüber.

Opa Paul winkte und grinste dem Mann zu. Der Fahrer schaute verwirrt nach vorn.

„Verhinderter Rennfahrer. Dem wackeln die Backen vor Erregung. Ja, mancher braucht so was. An der nächsten Kreuzung haben wir ihn wieder."

Was dann auch eintrat. Und Opa Paul hupte kurz und grinste wiederum. Der Fahrer des Trabant zeigte einen Vogel.

Opa Paul nickte und wies auf ihn. Markus lachte.

Opa Paul konnte nichts aus der Ruhe bringen. Er fuhr sehr ruhig, doch nutzte er jede Gelegenheit, um mit raschem Spurt voranzukommen.

Am Kulturpark fanden sie einen Parkplatz unter Bäumen.

„Alles abgeschlossen?" fragte Opa Paul.

Markus prüfte Türen und die Kofferklappe.

„Alles in Ordnung, Meister", sagte er.

„Dann nichts wie rein in das Vergnügen", sagte Opa Paul und straffte sich, reckte die Nase hoch, als wolle er Witterung aufnehmen.

Musik war zu hören und der Lärm des großen Rummels. Zwischen den Bäumen war das Riesenrad zu sehen mit den langsam steigenden und fallenden Gondeln.

Erwartungsvoll betraten sie das Reich des Vergnügens. Paul Stojahn und Enkel Markus.

Sie kurvten lange und wild auf der Autobahn umher, und es kam ihnen vor allen Dingen darauf an, andere zu schneiden und abzudrängen. Markus tat das mit Begeisterung, manchmal geschickt unterstützt von Opa Paul, der schützend seinen langen Arm um die Schultern des Jungen gelegt hatte.

Sie steckten sogar eine Verwarnung des mit akrobatischen Sprüngen von Auto zu Auto aufwartenden Kassierers und Ordnungshüters ein, den aber Opa Paul mit Augenzwinkern und einem blanken Fünfmarkstück beruhigte, so daß er nicht mehr auf die verwegene Fahrweise der beiden Stojahns achtete.

An der Schießbude versuchten sie lange ihr Glück, und Opa Paul wechselte einen größeren Geldschein. Doch das Glück war nur Markus hold, er schoß einen Schornsteinfeger, man hatte ihm erlaubt, die Arme aufzustützen.

Opa Paul schoß ein Magazin nach dem anderen leer, aber es fiel keine Papierblume, kein Schornsteinfeger, keine Ballettdame, kein Phantasiesternchen.

Er war schweigsam geworden, lud und schoß und legte Geld hin, um ein gefülltes Magazin zu bekommen.

„Ich muß meine Brille aufsetzen", murmelte er. Doch auch das half nicht. „Die Brille ist ja bloß für die Nähe", sagte er und steckte sie weg.

Markus hatte Mitleid mit Opa Paul. „Opa, wenn du die Arme aufstützt wie ich, könntest du alles runterputzen", sagte er.

Opa Paul sah den Enkel nachdenklich an, legte das Luftgewehr weg und sagte: „Erstens darf ich mich nicht aufstützen, und zweitens war ich noch nie ein guter Schütze. Aber heute wollte ich es eben sein."

Der Mann in der Schießbude schenkte ihm eine Papierrose, das Plasteröhrchen war vom letzten Schuß gestreift worden.

„Sie haben sich soviel Mühe gegeben", sagte der Mann.

„Danke", sagte Opa Paul, „so habe ich wenigstens eine Erinnerung."

Markus und Großvater aßen an einem Stand Currywürste.

Opa Paul sagte: „Ich war nie ein guter Schütze. Auch beim Militär nicht."

„Dann hast du im Krieg keinen getroffen?" fragte Markus.

„Du, im Krieg war das anders. Ich habe nicht richtig gezielt, eben nur so geschossen. Meistens aus Angst, und weil es nicht anders ging. Doch so kann man auch jemand treffen und töten. Bloß man sieht es nicht genau. Und man weiß es nicht."

„Dann haben sie dich gefangengenommen", sagte Markus.

„Von wem weißt du das?"

„Von Oma. Du warst weit weg, in Sibirien."

„Ja, ich habe dort in einem Kohlenschacht gearbeitet", sagte Opa Paul.

„War es schlimm, gefangen zu sein?"

„Leicht war es nicht. War ja auch nicht als Erholung gedacht. Schlimm war, daß keiner wußte, wann es ein Ende hat. Immer fuhren welche in die Heimat, und du warst nicht dabei. Das geht ans Gemüt."

„Ans Gemüt?" fragte Markus.

„Na ja, man wird trübsinnig und fängt an zu spinnen", erklärte Opa Paul.

„Da hast du dich gefreut, als es nach Hause ging?"

„Ja, wir waren froh. Der Krieg war endgültig für uns vorbei", sagte Opa Paul und fügte hinzu: „Wollen wir mal Riesenrad?"

„Erst die Rakete, Opa Paul", bat Markus, „das macht Spaß."

Sie drehten sich rasend, zogen die Knüppel an und jagten in

den Himmel, so hoch es das Raketenkarussell zuließ. Opa Paul hockte in der engen Rakete, die langen Beine angezogen und raste hinter Markus her, der sich hin und wieder umdrehte und dem Großvater zuwinkte.

Und dann gingen sie zum Riesenrad. Eine Menschenschlange stand vor dem Kassenhäuschen, dieser Anblick machte den Jungen mutlos. „Hier müssen wir ja eine Stunde warten", sagte er.

Opa Paul spähte nach vorn, taxierte die Entfernung.

„Stell dich hier an die Seite. Rühr dich nicht von der Stelle."

Markus stand an dem Holzzaun, der das Riesenradgelände einschloß. Unermüdlich plärrte der Lautsprecher Schlager. Opa Paul war verschwunden, der Junge konnte ihn im Gewühl nicht mehr erkennen.

Er erschrak, als er hinter sich Opa Pauls Stimme vernahm.

„Rasch über den Zaun. Bezahlt ist, alles in Ordnung." Paul Stojahn stand auf der anderen Seite des Zauns, streckte dem Jungen die Arme entgegen, half ihm fix das Hindernis zu überwinden.

Und schon saßen sie in einer Gondel. Markus hatte nicht gewagt aufzublicken, wollte nicht die empörten und vorwurfsvollen Blicke der Leute in der Schlange vor dem Riesenrad sehen.

Opa Paul sagte: „Hat kaum einer gemerkt, ging blitzschnell."

„Ist aber nicht gut, wir haben uns eingeschmuggelt", sagte Markus.

„Not entschuldigt", sagte Opa Paul. „Ich bin in Zeitnot. Wann kann ich dich schon mal sehen."

Wann werde ich Opa Paul wiedersehen? dachte Markus betroffen. Zeitnot, das war das richtige Wort.

Die Gondel hob sich, ihnen gegenüber saßen zwei junge Leute aus Sachsen, wie ihre Aussprache verriet; sie hielten sich an den Händen und hatten nur für sich selbst Interesse und kaum für die große Stadt, auf die sie schauen konnten.

„Wie bist du bloß so schnell reingekommen, Opa Paul?" fragte Markus.

„Ach, das ist schwer zu sagen. Ich stand plötzlich vor der Kasse, weiß nicht, wie", sagte Opa Paul lächelnd.

Je höher sie stiegen, um so schweigsamer wurde Paul Stojahn. Er blickte in alle Richtungen auf die vor ihnen liegende Stadt, und es schien Markus, als könne er sich nicht satt sehen.

Und als die Gondel auf dem höchsten Punkt hielt, sagte Opa Paul: „Junge, das ist schon eine Stadt, in der du lebst."

Markus dachte: Ich wohne in der Stadt. Ist doch ganz normal.

„Wo liegt Weißensee?" fragte er.

Opa Paul wies auf die Spree, auf die lange Brücke über den Fluß, auf der sich spielzeugkleine Autos bewegten. „Zum Norden hin", sagte er, „hinter den hellen Neubauten, dort, wo die Häuser niedriger werden."

„Und wo liegt deine Fehrbelliner?"

Opa Paul streckte den Arm in die Richtung zum Fernsehturm, der, wie es schien, von leichten, weißen Wolken umschwommen war. „Genau neben dem Riesen, ein Stückchen nach rechts liegt meine Fehrbelliner."

Und die Riesenradgondel senkte sich wieder der Erde zu, tauchte ein in die Rummelatmosphäre des Treptower Parks, die Musik aus den Lautsprechern tönte lauter und greller, die Gesichter der Leute waren wieder zu erkennen.

Sie hielten an, und Markus war froh, daß der Abgang auf der anderen Seite lag.

Kurz vor dem Ausgang kaufte Opa Paul noch zwei Eiswaffeln. „Hier ist ja wirklich was los", sagte er.

„Ganz toll ist es", sagte Markus.

„Wir haben noch Zeit, und ich habe mir schon was überlegt", sagte Opa Paul.

„Ja, Zeit haben wir noch", erwiderte der Junge.

„Wir fahren nach Wandlitz raus. Du zeigst mir euern Garten und den von Oma Renate. Und wir fahren an den Liepnitzsee. Schon eine Ewigkeit war ich nicht mehr dort. Hast du Lust, Markus?"

Der Junge bemerkte Opa Pauls bangen Blick.

„Ich bin immer gern draußen“, sagte Markus.

Die Fahrt nach dem Norden kannte der Junge, sie fuhren durch Weißensee, dann die Autobahn in Richtung Prenzlau und bogen links ab nach Wandlitz.

Auf dieser Strecke zeigte Opa Paul, was unter der Motorhaube seines bunten Autos steckte.

Sie sausten über die Betonbahn, überholten immer wieder Fahrzeuge.

„Du fährst aber schnell“, sagte Markus, „das darfst du doch gar nicht.“

Opa Paul warf dem Enkel einen zerknirschten Blick zu. „Der Motor läuft von allein, ich kann ihn nicht halten. Ich tippe ja bloß aufs Gaspedal, und schon flitzt er los.“

„Und wenn sie Geschwindigkeitskontrolle machen?“ fragte der Junge.

„Ja, dann sind wir dran“, sagte Opa Paul, „dann muß ich mit ihnen reden. Ich sage, daß es mir sehr leid tut. Die Pferdestärken, die unter der Motorhaube stecken, sind schuld. Was soll man machen. Man merkt ja überhaupt nicht, wie der Schlitten schneller und schneller wird. Man unterhält sich mit seinem Mitfahrer und sieht nicht immer auf das Tacho. Man hat soviel mit dem Mitfahrer zu bereden, und dabei zeige ich auf dich, und du mußt nicken. Er ist mein Enkel, sage ich, und ich sehe ihn so selten, weil ich meistens in Sibirien bin oder woanders. Ach, haben Sie doch Verständnis, lieber Freund von der Volkspolizei.“

Markus lächelte. „So würdest du mit dem Polizisten reden?“

„Versuchen würde ich es auf jeden Fall. Bis jetzt habe ich damit Glück gehabt“, sagte Opa Paul.

Markus dachte an Oma Renate. Wenn sie mit ihnen an den Wochenenden rausfährt, stellt sie andauernd Verstöße fest, verurteilt die Raser, die Undisziplinierten, die man mit allen gesetzlichen Mitteln zur Ordnung rufen sollte.

Vater nickt dazu und brummt hin und wieder seine Zustimmung. Mutter lächelt nur spöttisch. Einmal hatte sie bei solch einer Gelegenheit festgestellt, daß man selbst ja nicht in der Lage wäre, gegen irgend etwas zu verstoßen, weil man auch auf der Autobahn nur achtzig fahre, obwohl hundert Kilometer in der Stunde erlaubt und auch für den Trabant möglich sind.

Vater hatte geantwortet: „Der Motor dankt es mir. Wer zuletzt lacht, lacht am besten. Weniger Sprit, weniger Verschleiß."

Womit Vater Georg auch recht hatte.

Sie fuhren in Wandlitz ein, Opa Paul drosselte die Geschwindigkeit. „Jetzt bist du der Lotse", sagte er.

Markus dirigierte Opa Paul in eine Seitenstraße, über eine Bahnlinie ging es, man mußte aufpassen, ein ungesicherter Bahnübergang. Die Asphaltstraße schlängelte sich neben der Bahnlinie entlang, Häuser und Bungalows standen rechts und links der Straße.

„Hier geht's zum Liepnitzsee", sagte Opa Paul, „wie sich das verändert hat. Als wir vor vielen Jahren hier spazierengingen, standen nur wenige Häuser."

An den Drei Teichen sagte er: „Alles eingezäunt. Anglerparadies. Damals war es allen zugänglich."

Von damals wußte Markus nichts, er kannte es nicht anders, solange er denken konnte, war es so wie jetzt.

Markus wies Opa Paul in einen Waldweg ein. „Anhalten!" befahl er. „Wir sind da."

Der sandige Weg war breit, mit Kiefern und Birken besäumt, flimmerndes Sonnenlicht brach durch das Geäst.

Da war das vertraute Grundstück, Markus blickte mit Großvater Paul über den teerschwarz gestrichenen Scherengitterzaun, über die sauber geschnittene Hecke in den Garten, als wären sie Fremde. Das Tor war verschlossen. Opa Paul trat dicht an den Zaun, schob die Hände tief in die Taschen der Lederjacke.

„Eine stabile Schaukel hast du", sagte er.

„Papa hat sie von einem Schlosser bauen lassen."

Markus dachte, daß er nicht mehr sehr viel auf der Schaukel

saß. Früher ja, früher war ihm, wenn er schaukelte, als flöge er weit durch die Lüfte.

Jetzt schaukelte hin und wieder Mutter, wenn sie guter Laune war, Zeit hatte und es ihr Spaß machte.

Trug sie einen Rock, sah es Vater nicht gern.

„Jeder weiß, daß du schöne Beine hast", brummte er, „ich auch. Warum diese Vorstellung?"

Darüber lachte Mutter nur, stieß sich noch kräftiger ab, flog noch höher, und ihr Rock wehte.

„Hübsches Haus", stellte Opa Paul fest, „alles akkurat, genau wie es dein Papa mag."

Darüber hatte sich Markus noch keine Gedanken gemacht. Es stimmte, Papa pflegte sorgfältig das Haus, den Zaun, den Schuppen, die Wege.

„Den Garten macht bestimmt deine Mama", stellte Opa Paul fest.

„Wieso weißt du das?" fragte Markus erstaunt.

„Das sehe ich mit einem Blick. Da etwas, dort etwas, bunt und abwechslungsreich, und alles sehr freundlich."

„Mama macht der Garten Spaß. Ihr fällt dauernd was Neues ein. Ich helfe ihr manchmal", sagte Markus.

„Du bist also gern hier", sagte Opa Paul.

„O ja. Im Sommer sind wir viele in meinem Alter. Da ist was los."

„Hast du ein Fahrrad?"

„Ja. Ein altes Ding. Fährt aber gut. Ich soll ein neues kriegen, noch vor dem Urlaub", sagte Markus.

„Ist ja bald soweit", sagte Opa Paul.

„Ja, nur noch wenige Tage", meinte Markus.

„Sehr schön ist das hier. Jetzt zeige mir, wo Oma Renate ihren Garten hat."

„Ist nicht weit von hier. Um die Ecke. Wir können laufen", sagte der Junge.

Sie schlenderten über den sandigen Weg, vorbei an Grundstükken und Lauben und größeren Häusern, bis der Junge sagte: „Wir sind da."

Die Hecke war hoch und dichtgewachsen, auf dem Grundstück standen alte Bäume, der Scherengitterzaun hatte nur eine schmale Tür, ein Pfad schlängelte sich zwischen den Bäumen, gesäumt von Büschen und niedrigen Kiefern. In der Tiefe des Grundstücks duckte sich ein kleines Holzhaus, weißgetüncht und die Balken braun gestrichen.

„Ach", sagte Opa Paul, „jetzt erinnere ich mich. Hier wohnte eine alte Dame, die hatte Renate ins Herz geschlossen, sie war von ihr im Krankenhaus betreut worden."

„Kenn ich nicht", sagte Markus.

„Kannst du auch nicht, sie ist bestimmt schon vor vielen Jahren gestorben. Und das Häuschen hat Renate übernommen."

Markus bemerkte den gespannten Blick des Großvaters, der sich festsaugte an den Kiefern und Birken und dem kleinen weißen Holzhaus inmitten Rosensträuchern und Wacholderbüschen.

„Ist es zu beheizen?" fragte Opa Paul.

„Ja. Oma ist auch manchmal im Winter hier. Ganz allein. Dann läuft sie stundenlang durch den Wald. Und es ist schön, wenn in der Hütte der Ofen bullert, draußen Schnee liegt, und alles ist gefroren."

„Glaub ich, daß es dann schön ist", sagte Opa Paul versonnen.

Markus sah den Großvater an, der immer noch selbstvergessen zum Holzhaus blickte, die Hände auf den Zaun gelegt.

Markus sagte: „Wärst du bei Oma Renate, hättest du schon angebaut, ja?"

Opa Paul blickte zu dem Enkel. „Ist ein bißchen klein, das Haus?"

„Ja, ist klein."

„Anbauen kann man immer", sagte Opa Paul.

Opa Paul spähte den Weg entlang.

„Ob wir mal rübersteigen?" fragte er. „Uns mal ansehen, wie man es machen müßte, wenn man anbauen wollte."

„Dann denken welche, wir sind Einbrecher“, sagte der Junge.
„Die kennen dich doch“, beruhigte ihn Opa Paul.
„Mich kennen alle“, sagte Markus.
Opa Paul fand eine Lücke in der Hecke, die Sträucher waren dort nicht so dicht gewachsen.
Geschickt stieg er über den Zaun, er hatte ja lange Beine.
„Komm“, sagte er zu Markus, „ich heb dich rüber, die Hosen bleiben ganz.“
Markus staunte: Opa Paul, auf der anderen Seite des Zauns stehend, streckte seine Arme aus, griff dem Jungen unter die Achseln und hob ihn scheinbar mühelos über den Zaun. Markus war zwar das Gegenteil von dick, aber ein Federgewicht konnte man ihn auch nicht nennen.
„Hast du aber Kraft in den Armen“, sagte der Junge.
„Es geht noch einigermaßen“, sagte Paul Stojahn. „Früher, na, da hättest du mich erleben sollen!“
So waren die beiden also im Garten der Oma Renate.
Markus stellte sich vor, das wäre auch Opa Pauls Garten – aber er ist es nicht.
Sie umschritten das Haus. Die braungestrichenen Fensterläden waren geschlossen, das Haus war wirklich klein wie eine Hütte, doch alles war gut in Schuß. An der Hinterseite war ein Kamin mit Grill angelegt, überdacht mit einem Blechpilz. Baumstümpfe waren als Sessel zurechtgesägt.
„Das ist gut“, bemerkte Opa Paul anerkennend, „hier kann man anständig feiern.“
„Machen sie auch hin und wieder“, sagte Markus.
„Und wer hat das gebaut? Mein Sohn Georg?“
„Oma hat ihre Leute“, erklärte der Junge, „die kennt sie alle aus dem Krankenhaus, waren ihre Patienten. Oma hat immer jemand, der ihr was baut oder in Ordnung bringt.“
Opa Paul wiegte den Kopf hin und her.
„Das ist gut“, sagte er, „da wäre ich ja ohne Bedeutung.“ Er betrachtete das Haus von allen Seiten, ging weiter weg, trat wieder

heran, umschritt es mehrere Male, maß mit langen Schritten Linien ab.

Markus folgte ihm wie ein Schatten, der Eifer des Großvaters steckte ihn an.

„Ja, so ginge es“, murmelte Opa Paul, „man müßte das Ganze einfach verdoppeln, das Dach höher ansetzen und vorziehen, und schon stünde ein Haus hier, in dem man noch einmal soviel Platz hätte. Gar nicht schwierig, die Sache. Material müßte man schon ranschaffen. Aber wenn Oma Renate so viele Leute bei der Hand hat, wird wohl einer darunter sein, der was besorgen könnte.“

„Du würdest mitbauen?“ fragte der Junge.

„Na klar, etwas verstehe ich davon. Mauern kann ich zum Beispiel und Rohre verlegen und die elektrischen Sachen sowieso.“

Opa Paul blickte immer noch auf das Haus.

Markus sieht das Haus wachsen. Steine werden geschleppt, ein Betonmischer dreht sich, Balken werden transportiert, eine Säge kreischt, Bretterstapel wachsen. Das kennt der Junge.

Und das Haus verdoppelt sich. Und Markus sieht seinen Opa Paul auf dem Gerüst stehen und eine Maurerkelle schwingen. Auch Vater Georg und andere Männer arbeiten an dem Haus. Am Gartenkamin ist ein langer Tisch aufgestellt, an dem Oma Renate wirtschaftet.

Sie stellt Teller hin und bringt eine Kanne Kaffee auf den Tisch, aber auch ein Kasten Bier steht an der Seite, und in einem Wassereimer wird eine Flasche Schnaps gekühlt.

Und bald wird Pause sein, und alle sitzen am Tisch, und Opa Paul sitzt natürlich neben Oma Renate.

Opa Paul riß den Jungen aus seinen Träumen.

„Es ginge ganz gut, und es würde niemand merken, daß es mal kleiner war“, sagte er.

„Aber Oma will's nicht größer haben“, sagte Markus. „Ich brauche nicht mehr Platz, sagt sie immer, wozu auch.“

„Nun, wenn es so ist“, meinte Opa Paul, „aber es ginge. Es könnte mich geradezu reizen, das zu machen.“

Opa Paul konnte sich schwer von dem Garten und dem weißen Holzhaus trennen, immer wieder sah er sich um, lief rückwärts und hätte ihn Markus nicht gewarnt, er wäre an einen harten Kiefernstamm gestoßen.

Wie sie gekommen waren, verließen sie das Grundstück, und diesmal hob Opa Paul Markus noch höher, stellte ihn erst in der Mitte des Weges auf die Erde.

Am Auto angekommen, vor dem Garten der Eltern, sagte Opa Paul: „Nun weiß ich, wie ihr hier lebt. Du hast es gut, muß ich schon sagen."

Sie fuhren zum Liepnitzsee, und auch hier fand Opa Paul manches verändert. Den großen Campingplatz zum Beispiel, auf dem schon viele Zelte standen, hatte es früher nicht gegeben.

Aber die Fähre zur Insel gab es damals schon.

„Danach war dein Vater, mein Sohn Georg, immer ganz verrückt. Am liebsten wäre er hundertmal hin und her gefahren. Ist ihm nicht langweilig geworden. Es war sein Traum, Seemann zu werden. Nun ja, hübsche Träume, wie man sie so manchmal hat."

Auf der Insel waren Zelte aufgebaut, aber es gab noch einsame Stellen.

„Wir gehen immer zum FKK-Strand", sagte Markus.

„Den gibt's hier?"

„Ja, hinten auf der Insel."

„Wir haben auch immer nackt gebadet", sagte Opa Paul, „aber offiziell eine Stelle gab es nicht."

Opa Pauls Körper war sehnig und mager, er wirkte unnatürlich weiß. Um so deutlicher war eine lange wulstige Narbe am Oberschenkel zu erkennen.

„Was ist mit deinem Bein passiert?" fragte Markus.

„Im Krieg. Ein Granatsplitter, ein heißes Stück Eisen kam geflogen. Und traf Gott sei Dank nur den Oberschenkel, fuhr mir ins Fleisch, zertrümmerte nicht den Knochen, schlug mir nicht das Bein ab", sagte Opa Paul.

„Hat es sehr weh getan?"

„Zuerst nicht. Ich war nur erschreckt. Was war passiert? Dann sah ich das Blut, und dann kamen die Schmerzen", sagte Opa Paul.

Der Junge starrte auf die schlimme Narbe. „Und jetzt ist alles gut?"

„Nichts spüre ich mehr, Markus. Ist ja viele Jahre her. Und schau mal, ich kann laufen und auch springen. Die Narbe ist zurückgeblieben und erinnert mich, daß ich damals großes Glück hatte."

Opa Paul lief zum Wasser, warf sich ohne Vorbereitung in das kühle Naß, tauchte, prustete, kraulte und winkte dem Jungen zu.

„Heja, komm. Herrlich", rief er.

Markus zögerte, er war kein schneller Wasserspringer, es schüttelte ihn bei den ersten Schritten in die kühlen Fluten.

Doch konnte er Opa Paul nachstehen?

So rannte er auch in weiten Sprüngen zum Wasser, warf sich kopfüber hinein, und die Kälte schoß in seinen Körper, doch gleich darauf die Wärme dieses Schocks.

Und bald hatte er Opa Paul eingeholt, denn Markus war ein guter Schwimmer.

„Wette?" rief er prustend. „Wer ist als erster am Ufer?"

„Wette gilt", rief Opa Paul und zog in weiten Stößen auf das Seeufer zu, das nicht allzuweit von der Insel entfernt lag.

Doch sosehr sich Opa Paul auch anstrengte, Markus zog an ihm vorbei, schlug weit vor ihm an.

„Sieger", rief er.

„Gratuliere", sagte Opa Paul schnaufend, „du schwimmst wie ein Teufel."

„Zurück auch wieder?" fragte der Junge.

„Um die Wette?"

„Ja?"

„Ich muß passen, mein Lieber. Ich bin eben doch ein Opa. Die fehlende Puste, weißt du, an der merke ich's."

„Du schwimmst aber gut", tröstete Markus.

„Schwimmt Papa mit dir um die Wette?"

„Nein, das will er nicht."

„Warum denn nicht?"

„Er macht das eben nicht."

„Nun, dann also zurück zur Insel", sagte Opa Paul und tauchte ein in das klare Wasser.

Markus hielt sich an seiner Seite, erst kurz vor dem Inselufer zog er an, kraulte los, was das Zeug hielt.

Sie stiegen an Land. Die Luft war warm, der Wind auch.

„Wir haben ja keine Handtücher", sagte der Junge.

„Wozu brauchen wir Badetücher? Wir lassen uns trocknen von Sonne und Wind. Herrlich", meinte Opa Paul und stapfte den sandigen Hang hoch.

Der Junge folgte ihm. Und oben, ganz der Sonne ausgesetzt und noch mehr dem Wind, vollführten die beiden Indianertänze. Und es mag seltsam ausgesehen haben vom anderen Ufer, die kleine magere und die lange hagere Gestalt herumspringen zu sehen wie Sonnenanbeter bei einer Kulthandlung. Bald war die Haut getrocknet, sie brannte angenehm vom kühlen Wasser, dem Wind und der Sonne.

Sie zogen sich an und saßen an der Inselspitze. Opa Paul rauchte eine Zigarette und blickte zum anderen Ufer, der aufsteigende Hang war mit hohen Buchen bewachsen. Alles war frisch und grün, wie immer im Juni, wenn der heiße Sommer noch nicht begonnen hat.

Opa Paul zog gleichmäßig an der Zigarette und schwieg.

Markus sagte: „Wir haben ein Schlauchboot. Ist ganz grün, du bist getarnt, wenn du am Ufer liegst."

„Du ruderst allein auf dem See herum?" fragte Opa Paul.

„Mit Oma Renate. Das macht ihr Spaß", sagte der Junge.

„Ja, sie ist immer gern hierhergefahren. Aber ich auch", sagte Opa Paul. Er drückte sorgfältig den Zigarettenstummel aus, bohrte ihn tief in den Sand. „Nun müssen wir wohl. Schon spät. Die Sonne wird bald hinter den Bäumen verschwunden sein", sagte Opa Paul, erhob sich, klopfte den Sand von den Hosen, reckte sich, dehnte die Arme und blickte noch einmal in die Runde, tastete mit den Augen das Seeufer ab, folgte den Krümmungen und den Buchten, sah zur anderen Seeseite. Die Insel schien wie von zwei Flußläufen umschlossen, aber das Wasser floß hier nicht, und nur Wind konnte es bewegen, doch der fiel höchstens von Westen ein, hatte es schwer, Zugang zu finden zum tiefeingeschnitten liegenden klaren See.

Schweigsam stapften die beiden zur Fähre, ließen sich übersetzen, gingen zum Auto.

Auch auf der Fahrt in die Stadt wurde nicht viel gesprochen. Markus spürte Müdigkeit, und Opa Paul war wohl mit seinen Erinnerungen beschäftigt – nach diesen Stunden im Norden.

Opa Paul brachte Markus in die Nähe der Weißenseer Wohnung, genau vor der Haustür hielt er nicht, und der Junge fragte ihn nicht nach den Gründen. Er stieg mit Markus aus dem Auto. Und so standen sie auf der abendlichen stillen Straße, Paul Stojahn und Markus.

„Nun müssen wir uns verabschieden“, sagte der Mann.

„Mama wird sich wundern, daß ich so spät komme“, sagte der Junge.

„Aber sie weiß doch, daß du mit mir unterwegs bist.“

„In der nächsten Woche haben wir noch Schule, dann sind Ferien, und unser Urlaub fängt an“, sagte Markus.

„Ja, ich wünsche dir und Mama und Papa und Oma Renate einen schönen Urlaub“, sagte Opa Paul.

„Machst du auch Urlaub?“ fragte der Junge.

„Irgendwann mache ich Urlaub“, sagte Opa Paul.

„Du bist dann allein?“

„Ja, ich fahre allein. Doch überall sind Menschen, Markus. Man ist nicht allein“, sagte Opa Paul.

„Fährst du mit deinem Auto?“

„Kommt darauf an. Ich fahre auch gern mit der Eisenbahn. Oder ich fliege mit einem schnellen Flugzeug.“

„Wir fahren in ein Heim. Oma hat die Plätze besorgt. In dem Heim soll es Ponys geben. Fährst du auch in ein Heim?"

„Manchmal. Ich habe viele gute Freunde. Ich soll dorthin und dahin kommen. Das hat meine Arbeit mit sich gebracht, daß ich an vielen Orten Freunde habe", sagte Opa Paul.

„Wir können uns vor dem Urlaub noch einmal sehen, nicht wahr, Opa Paul?" fragte der Junge.

„Vor dem Urlaub? Muß nicht noch manches erledigt werden? Hast du doch gesagt. Mit Oma und Mama einkaufen gehen."

„Ja, soll ich. Aber ich sorg dafür, daß ich Zeit habe. Es muß ja nicht so lange sein. In der nächsten Woche ist immer um zwölf Uhr die Schule aus", sagte der Junge.

„Die ganze nächste Woche?"

„Ja, jeden Tag."

„Nun, dann werde ich mal sehen. Wenn ich nicht störe. Sag deiner Mama Bescheid. Grüße sie von mir. Sag, der Opa Paul freut sich, daß der Enkel Markus so eine schöne und gute Mama hat. Das wirst du sagen, wie?"

„Ja, das sage ich."

„Und nun müssen wir wohl endgültig", sagte Opa Paul.

Markus gab ihm die Hand. Opa Paul hielt sie lange fest.

„Auf Wiedersehen, Opa Paul. Und danke, es war sehr prima heute", sagte Markus.

„Ich muß mich bedanken", sagte Opa Paul, „bloß die Zeit war so kurz, Junge. Wir hätten noch einiges anstellen sollen."

„Tschüs", sagte Markus und ging, und Opa Paul stieg in das bunte Auto.

Von fern hörte Markus das vertraute Motorbrummen. Doch er blickte sich nicht um. Er konnte es nicht.

Aber in der kommenden Woche, der letzten vor dem Urlaub, an einem Mittag, wird Opa Paul wieder unter den jungen Lindenbäumen, auf dem Vorplatz der Schule stehen, neben seinem bunten Auto.

Und er wird auf ihn, Markus, warten.

4.

„Du kommst spät. Wo warst du?“ fragte Vater.

Er öffnete die Tür, und es schien, als wolle er Sohn Markus nicht eher in die Wohnung lassen, bis der ihm seine Frage beantwortete. – Mutter Sabine kam in den Flur.

Und Markus sagte: „Ich war mit Opa Paul unterwegs.“

„Mit Paul Stojahn?“

„Ja, mit deinem Vater“, sagte Mutter Sabine. „Der Junge hatte von mir die Erlaubnis.“

Der Vater gab die Tür frei, und Markus betrat die Wohnung, stand zwischen Vater und Mutter.

„Er läßt also keine Ruhe“, sagte Vater bitter. „Warum stört er unser Familienleben?“

„Das Familienleben stört er? Dann gehöre ich nicht zur Familie und Markus auch nicht“, sagte Mutter.

„Warum willst du etwas erzwingen, was sich nicht erzwingen läßt“, sagte Vater.

„Und umgekehrt, wie ist es da?“ fragte Mutter.

„Opa Paul läßt grüßen“, sagte Markus.

Vater wandte sich ab und wollte gehen.

Mutter sagte: „Wer denkt, daß sich Sturheit und Unvernunft durchsetzen können, der irrt sehr.“

Vater blickte seine Frau an, es schien, als wolle er losschreien. Aber das war Vaters Art nicht, zu schreien war ihm nicht möglich. Er ging ins Wohnzimmer und schloß die Tür zum Flur.

„Wie war es mit Opa Paul?“ fragte Mutter.

„Prima, Mama. Tatsache“, erwiderte Markus.

„Und was habt ihr so getrieben?“

Markus beschrieb das alte Haus in der Fehrbelliner, den dunklen Treppenflur, die Wohnung und die Wand im hohen Zimmer, die von oben bis unten mit eingerahmten Fotos bedeckt ist, Opa Paul und seine Bagger, die Stationen seiner Arbeit in fernen Ländern.

Markus erzählte vom Riesenrad und der Schießbude im Treptower Park, von den Currywürsten und dem Eisbecher. Und dann berichtete er von der überraschenden Fahrt nach Wandlitz. Nun ließ er aber einiges aus: Wie sie über den Zaun gestiegen waren, um Oma Renates Haus zu besichtigen. Er sagte auch nichts über die Anbaupläne, die er und sein Großvater gesponnen hatten.

Aber vom Liepnitzsee erzählte er ausführlich, vom Wettschwimmen und der wulstigen Narbe an Opa Pauls Oberschenkel, von dem heißen Stück Eisen, das vor vielen Jahren eine tiefe Wunde gerissen hatte.

„Er wollte unbedingt rausfahren?“ fragte Mutter Sabine.

„Ja, er war lange Zeit nicht dort gewesen.“

„Und was sagte er zu unserem Garten?“

„Der gefällt ihm. Und gut findet er, wie du den Garten machst.“

„Das gefällt ihm? Ich bin doch bloß ein Sonntagsgärtner, mache, was mir gerade in den Sinn kommt“, sagte Mutter.

„Aber dein Garten hat Opa Paul sehr gefallen. Und er ist weit in der Welt herumgekommen“, beharrte Markus.

„Er würde wohl gern dort draußen sein?“

„Ja, ganz bestimmt“, sagte Markus.

Mutter sagte: „Ich habe dir das Abendbrot in dein Zimmer gestellt. Beeile dich ein bißchen. Es ist spät geworden, und ganz ohne Sorge war ich auch nicht.“

„Von Opa Paul soll ich dir ausrichten, er ist froh, daß ich eine so schöne und gute Mama habe“, sagte der Junge.

Mutter Sabine strich dem Jungen über den Kopf. „Das hat er gesagt?“

„Ich soll es nicht vergessen, hat er mir eingeschärft.“

„Gute Mama? Ob ich das bin?“

„Ja, du bist gut“, sagte Markus.

Mutter schob ihn in sein Zimmer. Auf dem Tisch stand der Abendbrotteller, und Markus spürte auf einmal, daß er Hunger und Durst hatte.

Vor dem Einschlafen holte sich der Junge das kleine Baggermodell vom Regal neben dem Globus. Liebevoll betrachtete er den Bagger, ließ ihn fahren und verschiedene Manöver auf der Bettdecke ausführen.

Die weiße Bettdecke wurde zu einer weiten Schneefläche, durchschnitten von Hügeln und tiefen Schluchten. Und Opa Paul lenkte mit ruhiger Hand den Bagger sicher durch die weiße Einöde.

Die Tage vergingen, die Ferien kündigten sich immer stärker an, die Spannung auf die Zeugnisse wuchs.

Auch bei den Stojahns waren Urlaubsvorbereitungen zu spüren.

Vater hatte die Autositze mit dem neuen Stoff bezogen. Und Oma Renate meldete sich an, um mit Markus die angekündigten Einkäufe zu machen.

Sie holte Markus vor der Schule ab. Wieder wartete sie in der Mitte des Vorplatzes, wie an dem Tag, als Markus ihr ausgewichen war.

Heute aber wich er ihr nicht aus.

Von weitem wirkte Oma Renate in ihrem hellen Kleid wie eine junge Frau. Markus schlenderte langsam auf sie zu, hob lässig die Hand.

„Da bist du ja", sagte Oma Renate, „noch wenige Tage, und eure Schule ist für lange Zeit leer."

Markus betrachtete aufmerksam ihr Gesicht. Keine Müdigkeit war zu erkennen.

„Hast du heute frei?" fragte er.

„Nein, ich komme direkt aus der Klinik."

„War heute viel los?"

„Bei uns ist immer viel los, das weißt du doch", sagte Oma Renate, und sie fügte hinzu: „Wir gehen die Straße rauf und runter."

Sie lief rasch und leicht, ihre Absätze klapperten gleichmäßig auf das Straßenpflaster.

Markus ging an ihrer Seite, so wie immer.

Aber es war doch nicht so wie sonst.

Als sie die Geschäftsstraße überquerten, nahm Oma Renate nicht seine Hand. Markus hatte darauf gewartet, und ihm war bei dem Gedanken, daß sie gewohnheitsgemäß seine Hand nehmen könnte, heiß geworden.

Oma Renate sprach auch nicht viel.

Markus hatte die ganze Zeit eine seltsame Vorstellung. Er sah Opa Paul neben Oma Renate. Opa Paul in seiner Lederjacke, die Hände in die Taschen geschoben, lief mit langen Schritten neben ihnen, einmal rechts neben Oma Renate, dann wieder links neben dem Enkel Markus.

Diese Vorstellung verließ den Jungen nicht, bis Oma Renate ihn in ein Sportgeschäft zog.

Sie ließ sich Trainingsanzüge zeigen, betrachtete sie prüfend, probierte die Reißverschlüsse.

„Gefällt dir der blaue?" fragte sie Markus, und er mußte die Jacke überziehen.

„Ja, der sieht gut aus", sagte der Junge, doch sein Blick wurde gefangengenommen von anderen Sachen, den Bällen und Hanteln, den Sprungseilen und Federballschlägern, den blanken Fußballschuhen in den Regalen.

„Dann nehmen wir ihn", entschied Oma Renate, „der paßt zu deinen Laufschuhen. Sind sie in Ordnung?"

„Ja, die hat Mama weggeschlossen für den Urlaub", sagte Markus.

Oma Renate sagte lächelnd: „Gefällt dir nicht, wie?"

„Alle tragen solche Schuhe, bloß ich nicht", sagte der Junge.

„Du hast sie ja bald. Der Sommer ist noch lang", tröstete Oma Renate.

Die Verkäuferin legte den Trainingsanzug zusammen.

„Haben Sie noch einen Wunsch?" fragte sie.

Oma Renate ließ ihren Blick in die Runde gehen, sah Markus an. „Haben wir noch einen Wunsch, Herr Stojahn?" fragte sie.

„Vielleicht einen Ball“, sagte Markus.

„Einen Ball? Natürlich, den brauchen wir. Wir wollen fit bleiben.“

„Und ein Sprungseil für Mama“, sagte der Junge.

„Aber selbstverständlich, wie konnten wir das vergessen“, sagte Oma Renate.

Die Verkäuferin lächelte, begann das Spiel mitzuspielen.

„Wir haben noch mehr für sportliche Betätigung und Gesunderhaltung“, sagte sie. „Schauen Sie sich um.“

„Das Federballspiel. Sind ja tolle Schläger“, meinte Markus.

„Das ist das Neueste, haben wir erst gestern bekommen“, sagte die Verkäuferin und holte die schwarzen Schläger aus dem Regal.

„Für deinen Vater und dich das Richtige“, sagte Oma Renate und prüfte die straff gespannten Netze der Schläger.

„Die Fußballtöppen sind große Klasse“, stellte Markus fest.

„Ist seine Größe da?“ fragte Oma Renate.

„Sie haben Glück. Wir haben eine Lieferung erhalten“, sagte die Verkäuferin.

„Bist du im Verein?“ fragte Oma Renate.

„Ich will nach den Ferien eintreten. Fußballklub Grün-Weiß.“

Die Verkäuferin hatte die Fußballschuhe geholt. Oma Renate wendete sie vorsichtig hin und her, tippte an die knochenharten Schuhspitzen, betastete die scharfen Stollen.

„Ich weiß nicht“, sagte sie, „so ein Schienbein ist schnell zerdroschen, ich kenne das aus dem Krankenhaus. Wir haben auszubaden, was die Qualität dieser Schuhe anrichtet.“

„Kann überall was passieren, Oma“, sagte Markus.

„Was hat man überhaupt vom Fußballspielen?“ überlegte Oma Renate laut. „Wie die Verrückten jagen Leute einem Ball nach und wollen ihn irgendwohin haben.“

„Oma, das verstehst du nicht. Spannend ist das“, sagte Markus eifrig.

Renate Stojahn sah den Enkel nachdenklich an, gab den Widerstand auf und erfüllte auch diesen Wunsch.

Die Verkäuferin war zufrieden mit der eingenommenen Summe, für sie war der Verkaufstag schon um diese frühe Nachmittagsstunde gelaufen.

Oma Renate trug das Trainingsanzugpaket, den Ball und das Sprungseil. Markus gab die Fußballschuhe und das Federballspiel nicht aus der Hand.

Auf dem Weg zur Wohnung der Eltern verweilten sie an der Wurstbude, wo es die schmackhaftesten Currywürste der Stadt gab und die Schlange der Wartenden nie abriß. Markus erinnerte sich an die Wurst im Treptower Park, die er mit Opa Paul gegessen hatte.

Oma Renate nahm winzig kleine Bissen, vermied dadurch Spritzer und Flecke auf dem Kleid.

Sie sah Markus, der seine Wurst in wenigen Happen hinunterschlang, tadelnd an. „Markus, wie ißt du denn? Dir wird der Bissen noch mal im Halse steckenbleiben. Und wie dein Mund aussieht."

Markus wischte sich mit dem Handrücken den Mund ab.

„Hast du kein Taschentuch?"

Markus schüttelte den Kopf.

Oma Renate gab ihm ein Stück Zellstoff.

Markus war nun gesäubert und satt, doch Oma Renate ließ sich nicht aus der Ruhe bringen.

Und wieder hatte Markus die Vorstellung, Opa Paul stünde hier am Tisch, auch er war schon fertig mit seinem Stehimbiß, betrachtete spöttisch Oma Renate, die mit gespreizten Fingern die Wurst aß und hin und wieder einen Schluck aus dem Brauseglas nahm.

Aber Opa Paul war nicht hier am Wurststand Kanaupe.

Vielleicht hatte er vor vielen Jahren hier Rast gemacht, aber bestimmt nicht Brause getrunken, sondern eine Bierflasche an den Mund gesetzt.

„Gibt es Kanaupe schon lange?" fragte Markus.

„Was gibt's schon lange?"

„Na, die Wurstbude.“

„Ja, die gibt’s schon sehr lange“, sagte Oma Renate.

Also hat Opa Paul hier schon Wurst essen können, dachte Markus.

Oma Renate begleitete den Enkel bis in die Wohnung. Sie breiteten die Einkäufe auf dem Wohnzimmertisch aus, und man sah, es war viel, was Großmutter eingekauft hatte.

Markus fuhr mit den Fingerspitzen über das glatte Leder der Fußballschuhe. „Schönen Dank, Oma“, sagte er.

„Du brauchst das doch“, sagte Oma Renate. „Und es ist für uns alle und im voraus für dein Zeugnis und überhaupt.“

Als sie ging, umfaßte sie den Jungen und drückte ihn an sich. Und der wunderte sich, denn so heftig hatte sie ihn noch nie gedrückt.

„Unser Urlaub wird schön werden, nicht wahr, Markus“, sagte sie.

„Ja, Oma“, antwortete der Junge.

Und als er das sagte, dachte er, daß sich Opa Paul nicht gemeldet hatte und nicht zur Schule gekommen war.

„Grüße die Eltern“, sagte Oma Renate. „Papa soll mal anrufen.“

„Ja, Oma.“

Und er dachte, wie es gewesen wäre, hätten Oma Renate und Opa Paul heute gemeinsam vor der Schule auf den Enkel gewartet. Oma Renate wie immer mitten auf dem Platz und Opa Paul im Schatten der Bäume an der Straße neben dem bunten Auto.

Er, Markus, wäre auf Oma Renate zugegangen, hätte sie begrüßt und dann gesagt: Dort hinten wartet Opa Paul.

Oma Renate wäre natürlich erstaunt gewesen, aber doch mitgekommen, und sie hätten sich gegenübergestanden, Renate Stojahn und Paul Stojahn. Und vielleicht wären sie alle drei ins Auto gestiegen und irgendwohin gefahren.

Er hörte Oma Renates Stimme: „Hast du was, Markus? Ist dir die Wurst nicht bekommen? Die Brause war ziemlich kalt. Ist

nicht gut in der Hitze, so eiskaltes Zeug zu trinken."
„Nein, nein, Oma, mir ist gut", sagte Markus.
Oma Renate schien nicht ganz davon überzeugt. Markus ging auf den Balkon und sah ihr nach. Sie schaute sich ein paarmal um und winkte. Und der Junge winkte zurück.
Markus zog die Fußballstiefel an. Im Flur spielte er vorsichtig mit dem Ball, das Tor waren die Beine eines Schemels. Er durfte nicht zu heftig den Ball treten, die Fußballstiefel waren gut.
Am Abend betrachteten die Eltern Oma Renates Geschenke.
Vater bemerkte: „Oma hat aber tief ins Portemonnaie gegriffen."
Seine Frau sah ihn an und sagte: „Das kann man auch anders nennen."
Und Markus sagte: „Die Töppen sind große Klasse."

Die Tage vergingen, die Woche näherte sich dem Ende, die letzte vor den großen Ferien und dem Urlaub. Die Familie Stojahn würde bald die Stadt verlassen.
Jeden Mittag nach Schulschluß sah Markus aus dem breiten Fenster des Schulgebäudes voller Erwartung auf den sonnenbeschienenen Platz, spähte zu den Bäumen und der Straße, hoffte dort das bunte Auto zu entdecken und in der Nähe im Schatten eines dichtbelaubten Baumes Großvater Paul. Er spähte vergeblich. Es half auch nichts, daß er langsam die Treppe hinunterlief, den Flur des Schulgebäudes durchquerte, in der Hoffnung, in der Zwischenzeit könnte der Erwartete gekommen sein. Der Platz unter den Bäumen blieb leer.
Markus setzte sich immer noch eine Weile auf die Bank, ein Mensch kann sich ja auch mal verspäten.
Doch Paul Stojahn kam nicht.
Am Ende der Woche brachte Mutter Sabine ein Päckchen mit, sie hatte es von der Post geholt und gab es Markus.
„Für dich. Von Opa Paul", sagte sie.
Das war im Wohnzimmer, Markus saß vor dem Fernseher.

Der Junge hielt das Päckchen in der Hand. Festes, braunes Packpapier war mit starkem Bindfaden umschnürt.

Er buchstabierte: An Markus Stojahn.

Und in der Ecke stand: Absender Paul Stojahn. Der Junge wendete das Päckchen hin und her, nestelte an dem Knoten.

Mutter gab ihm eine Schere. „Schneid's auf. Opa Paul hat's gut gemeint."

Im Wohnzimmer hielt sich auch Vater auf, ordnete im Schreibschrank Unterlagen.

Markus schnitt den Bindfaden durch, seine Hände zitterten leicht. Ein Briefkuvert kam zum Vorschein, darauf stand auch geschrieben: Markus Stojahn.

Einen länglichen, in Seidenpapier eingewickelten Gegenstand hob der Junge aus dem Packpapier, und darauf stand wieder: An Markus Stojahn.

Mutter bemerkte lächelnd: „Ohne Zweifel, das Päckchen ist dein Eigentum. Es ist bestimmt für Markus Stojahn."

Markus tastete den länglichen Gegenstand ab und begann zu ahnen, was sich unter dem weichen Papier verbarg.

Er riß das Seidenpapier ab, es war der Finndolch, Opa Pauls Finndolch. Er lag auf dem Tisch. Die hellbraune verzierte Lederscheide fiel ins Auge und der mit schmalen Lederstreifen umwundene Knauf.

Markus zog die Klinge heraus, sie war leicht gekrümmt und blitzte im späten Sonnenlicht auf, das ins Zimmer fiel.

Vater war an den Tisch gekommen, blickte auf den Finndolch.

„Für den Jungen solch ein Dolch?" sagte er.

„Ein Andenken", sagte Mutter, „eine Erinnerung an Opa Paul."

Markus schob die Klinge in die Lederscheide zurück. „Hat Opa Paul aus Lappland mitgebracht. Ein Freund hat ihm den geschenkt."

„Nun hat er ihn dir geschenkt", sagte Mutter.

Vater ging an den Schreibschrank zurück.

Markus öffnete das Briefkuvert, entfaltete einen Bogen.
Gestochene Druckbuchstaben bedeckten das Papier.

Lieber Markus!

Ich hoffe sehr, daß Du meine Schrift lesen kannst. Ich gebe mir große Mühe, male jeden einzelnen Buchstaben. Das wird eine Zeit dauern, und nachher wird mir die Hand weh tun. Ich schraube lieber zehn Stunden am Bagger. Aber ich habe gedacht, mein Enkel Markus soll alles mit eigenen Augen lesen können. Du hast bestimmt auf mich gewartet. Wir hatten ja ausgemacht, daß ich noch einmal zur Schule komme, bevor die Ferien und Euer großer Urlaub beginnen. Es gibt so eine Redewendung: Und erstens kommt es anders, und zweitens als man denkt. So ist es bei mir in den letzten Tagen geschehen. Ich fliege noch einmal in die Ferne, ins schöne wilde Sibirien. Die Bagger brauchen mich. Meine Leute haben zu mir gesagt: Paul, gib deinem Herzen einen Stoß, geh noch mal raus. Dort sind Kollegen ausgefallen. Von dem einen ist die Frau krank geworden, die Frau eines anderen bekommt Zwillinge. Paul, du bist unabhängig, haben sie gesagt, und so alt auch nicht. Also blase zum Aufbruch. So lagen sie mir in den Ohren, lieber Markus. Konnte ich nein sagen? Schön ist der Sommer in Sibirien, und so alt bin ich wirklich noch nicht. Und Sehnsucht nach meinen Baggern habe ich auch ein bißchen. Also, warum nicht noch einmal hinaus? Siehst Du, so denkt Dein Opa Paul und hat sich dann kurz entschlossen entschieden. Es war eine Menge zu tun bis zur Abreise, Papiere zu holen, dies und das einzukaufen, den Koffer zu packen.

So reise ich ab, ohne mich von Dir zu verabschieden. Es ist jetzt Nacht und ganz still in meiner Wohnung in der Fehrbelliner Straße. Ich male meinen Brief an Dich, und mein Blick fällt auf den Finndolch. Der hat Markus so gut gefallen, denke ich. Er soll ihn haben. Gehe vorsichtig mit ihm um, die

Klinge ist unheimlich scharf, ist eben ein richtiges Arbeitsgerät für die Leute in Lappland.

Und ich habe auch ein paar Fotos ausgesucht, habe sie von der Zimmerwand genommen, Bilder von meinen Baggern. Du hast lange vor der Fotowand gestanden, ich habe es bemerkt, als ich mich umzog. Es sind die verschiedensten Baggertypen, und ich habe auf die Rückseite geschrieben, was diese Geräte leisten können und welche besonderen Aufgaben sie erfüllen müssen. Auf einem Foto kannst Du mich erkennen, und so hast Du ein Bild von Deinem Opa Paul.

Lieber Markus, ich komme zum Schluß, und tatsächlich, ich spüre mein Handgelenk von der Druckbuchstabenmalerei. Aber Du siehst, Opa Paul hält es durch, und ich muß ja auch noch das Päckchen für Dich zusammenschnüren.

Morgen früh um fünf steht unten das Auto, das mich zum Flugplatz bringt. Zuerst geht es nach Moskau. Und dann weiter nach Osten, zuletzt im kleinen Flugzeug bis an den Bestimmungsort.

Auf dem Flugplatz werde ich das Päckchen aufgeben, und so wirst Du es bald in Deinen Händen halten.

Ich grüße Dich und wünsche Dir, Deiner Mama und Deinem Papa und Deiner Oma einen schönen Urlaub. Ich weiß, er wird sehr schön werden.

Erholt Euch gut, und Du vor allen Dingen bleibe fröhlich und lasse Dich braun brennen von der Sommersonne.

Und denke im Sommer, im Herbst und im kalten Winter vielleicht hin und wieder einmal an den Opa Paul in Sibirien.

Viele Grüße, auch an die ganze Familie,
Dein Opa Paul

PS Vielleicht kannst Du mir ein Foto von Dir schicken. Vielleicht eins aus dem Sommerurlaub. Ich werde mir einen kleinen Birkenholzrahmen schnitzen, und es wird über meiner

Pritsche hängen, und ich kann Dich immer anschauen.

Bitte Deine Mama, daß sie es an meine Dienststelle in Berlin schickt. Die Adresse lege ich bei. Danke!

Markus ließ den Brief sinken, sein Gesicht brannte.

„Darf ich?“ fragte Mutter Sabine, die neben dem Sohn stand.

Markus gab ihr den Brief. Er nahm sein Päckchen und ging rasch in sein Zimmer.

Er hörte noch, wie seine Mutter zum Vater sagte: „Du kannst den Brief auch lesen, Georg. Du solltest sogar.“

Markus schloß die Tür hinter sich, legte den Finndolch auf den Tisch am Fenster, holte das Baggermodell vom Regal.

Er öffnete das große Kuvert, nahm die Fotos heraus und suchte das, auf dem Großvater Paul neben einem mächtigen schlammbespritzten Bagger zu sehen war. Opa Paul in hohen Stiefeln und Wattejacke, die Pelzmütze hatte er ins Genick geschoben. Er lächelte in die Kamera hinein. Hinter dem Bagger waren blätterlose Birken zu erkennen.

Auf der Rückseite des Fotos war zu lesen: Dein etwas müde lächelnder Opa Paul in Sibirien.

Auf der Tischplatte lagen der Finndolch und das Foto, und in der Mitte stand das kleine Baggermodell.

Und der Junge dachte an den letzten Satz im Brief, er, Markus, möge hin und wieder mal an Opa Paul denken: im Sommer, im Herbst und im kalten Winter.

Markus nahm sich vor, auch einen schmalen Birkenrahmen zu schnitzen, damit er das Foto von Opa Paul immer ansehen konnte.

Und dem kalten Winter folgt ja der Frühling und dann wieder ein Sommer.

Leseprobe

Günter Görlich

DIE ERFAHRUNG

Der Mann wurde einmal von einem Jungen gefragt, welche Erlebnisse sich bei ihm mit dem Wort Krieg verbinden und welches davon das schrecklichste für ihn gewesen sei.

Und der Mann überlegte eine Weile, denn er wußte, diese Frage war sehr ernst gemeint; er kannte den Jungen, leichtfertig stellte der nicht diese Frage in dieser Zeit.

Dem Mann fiel so manches ein, er hatte den Krieg noch mitgemacht, wenn auch nur im letzten halben Jahr, und eigentlich konnte er nicht sagen, was für ihn das Schrecklichste gewesen war. Für ihn war der Krieg überhaupt schrecklich, und er haßte ihn.

Da erinnerte er sich an eine Begebenheit, und die erzählte er dem Jungen. Sie passierte an einer Straßenecke in Berlin, die der Junge auch kannte. Es ist der scharfe Knick in der Neuen Krugallee, die am Plänterwald entlangführt und nach dem Knick in die Köpenicker Landstraße einmündet. Im fernen Frühjahr 1951, der Mann war noch sehr jung, arbeitete er als Bauhilfsarbeiter in Berlin. Er war aus der Gefangenschaft gekommen, hatte dies und jenes gemacht, besaß keine besonderen Fachkenntnisse, aber Ziegel schleppen konnte er, Leitungskanäle stemmen und vor allen Dingen Schutt karren.

Als sich der Mann das erste Mal, vom Bahnhof Baumschulenweg kommend, der Baustelle am Plänterwald näherte, glaubte er, sich geirrt zu haben, er sah keine zerstörten Häuser. Bis er näher an die Ecke herankam. Die Häuser waren ausgebrannt, nur noch die Mauern standen. Man war dabei, die Ruinen wieder auszubauen.

In den nächsten Wochen arbeitete der Mann an dieser Ecke. Mit einem älteren Kumpel hatte er die Keller vom Schutt zu räumen. Das war keine angenehme Arbeit, kalt und feucht war es dort unten, es roch nach Fäulnis und Brand. Draußen aber war heller Frühling.

Manchmal sprachen die beiden Schutträumer auch über das Schicksal der Häuser und ihrer Bewohner vor der Zerstörung, denn die beiden besaßen ja genügend Kriegserfahrung.

Hier mußten auf die brennenden Häuser auch noch Sprengbomben gefallen sein, und die durchschlugen die zweistöckigen Gebäude bis zu den Kellergewölben.

Einmal sagte der Ältere, als sie vor einem halbverschütteten Keller standen: „Wenn hier welche drin waren, als die Bomben runterkamen . . .".

„Vielleicht war hier keiner drin", sagte der Jüngere.

„Wo sollen die aus dem Haus denn gewesen sein? Im Keller doch", meinte der Ältere.

Sie schaufelten dann weiter Schutt, karrten ihn heraus und freuten sich jedesmal über den warmen Frühlingstag.

Am nächsten Tag fanden sie die Schulmappe.

Sie lag in einem Hohlraum, war arg mitgenommen von der Feuchtigkeit.

Da lag nun die Schulmappe vor den Männern auf dem Schutt.

„Siehst du, da waren damals doch welche im Keller", sagte der Ältere.

„Ja, da waren welche drin", sagte der Jüngere.

„Die wären jetzt so alt wie du."

„Nicht ganz, ein bißchen jünger doch."

„Verdammt gutes Leder", stellte der Ältere fest, „liegt doch die ganzen Jahre hier unter dem Schutt."

Der Jüngere warf die Schulmappe zu den Ziegelbrocken auf

die Schubkarre, fuhr diese nach draußen und kippte sie auf dem Schuttberg aus.

Die Begebenheit erzählte der Mann dem Jungen und fügte hinzu: „Immer wenn ich dort vorbeikomme, muß ich an die Schulmappe denken."

„Heute nach einem Krieg würde nichts mehr zu finden sein", sagte der Junge.

„Da würde auch keiner mehr nach etwas suchen können", meinte der Mann.

„Das kann doch nicht sein", sagte der Junge.

Und der Mann sagte zu dem Jungen: „Das darf nicht sein."

Aus: Ich leb so gern – Ein Friedensbuch für Kinder
Im Kinderbuchverlag erschienen

ISBN 3-358-00518-6

2. Auflage 1986

Lizenz-Nr. 304-270/317/86-(100)
Gesamtherstellung: Karl-Marx-Werk Pößneck V 15/30
LSV 7511
Für Leser von 10 Jahren an
Bestell-Nr. 632 005 0
00540